Office 办公软件实用案例教程
（第二版）

主　编　董凤慧　尹振鹤

副主编　杨翠芳　陈　辰　王观英
　　　　刘晓辉　邹　钰　周　贺

苏州大学出版社

图书在版编目(CIP)数据

Office办公软件实用案例教程/董凤慧，尹振鹤主
编. —2版. —苏州：苏州大学出版社，2022.1(2024.12重印)
ISBN 978-7-5672-3792-6

Ⅰ.①O… Ⅱ.①董…②尹… Ⅲ.①办公自动化-应
用软件-高等职业教育-教材 Ⅳ.①TP317.1

中国版本图书馆 CIP 数据核字(2022)第 254791 号

Office 办公软件实用案例教程(第二版)
董凤慧 尹振鹤 主编
责任编辑 征 慧

苏 州 大 学 出 版 社 出 版 发 行
(地址：苏州市十梓街1号 邮编：215006)
常熟市华顺印刷有限公司印装
(地址：常熟市梅李镇梅南路218号 邮编：215511)

开本 787 mm×1 092 mm 1/16 印张16.5 字数362 千
2022 年 1 月第 2 版 2024 年 12 月第 4 次印刷
ISBN 978-7-5672-3792-6 定价：48.00 元

图书若有印装错误，本社负责调换
苏州大学出版社营销部 电话：0512-67481020
苏州大学出版社网址 http://www.sudapress.com
苏州大学出版社邮箱 sdcbs@suda.edu.cn

前 言 ......

　　随着信息技术的飞速发展,计算机类课程体系和教学内容的改革也在不断深化,计算机基础类课程在内容上已经有了很大的变化。本书按照教育部提出的"计算机教学基本要求"编写而成,可作为各类院校计算机公共基础教材。在编写内容上,力求学以致用、基础教学内容广泛。在编写形式上,力求深入浅出、图文并茂。

　　本书采用"任务驱动"的方式设计教材体系,即每一个项目教学均由一个精选的案例引入。书中的许多案例或是由企事业单位实际工作中的经典案例改编而成,或是取自教学实践中的一些技巧性案例。本书以实践技能为核心,注重全面提高学生的实践技能和实践素养。学生首先学会做,在做的过程中掌握相关的知识和基本的操作技能,提高学生的学习兴趣。同时,每个项目提供了"拓展项目",对相关知识进行拓展介绍,使学生更系统全面地掌握相关知识与技能。

　　本书的编者都是多年从事一线教学、具有丰富教学经验的优秀教师,对该课程的教学内容和教学理念形成了系统的认识,在编写本书时将这些感悟融入其中。本书层次清楚、通俗易懂、实用性强,不仅适合作为职业类院校的教材,而且适合作为在职人员的学习和参考用书。

　　本书由董凤慧、尹振鹤主编,杨翠芳、陈辰、王观英、刘晓辉、邹钰、周贺参加编写和审核工作。

　　全书共分 21 个项目,其中项目一至项目九介绍 Microsoft Word 应用实例;项目十至项目十八介绍 Microsoft Excel 应用实例;项目十九至项目二十一介绍 Microsoft PowerPoint 应用实例。

　　由于作者水平有限,在编写过程中难免有不妥之处,恳请读者提出宝贵意见!

编　者

目 录 ......

项目一

公文的排版

 项目简介

公文是职业生涯中经常接触的一类文体,公文排版的学习和应用是办公生涯的第一步。红头文件是日常办公中很常见的一种文件形式。不同的单位所使用的标准可能有所不同,但其制作和生成都是有一定的规律可循的。下面先介绍一下公文的基本分类。

(1)决议。经会议讨论通过的重要决策事项,用"决议"。

(2)决定。对重要事项或重大行动做出安排,用"决定"。

(3)公告。向内外宣布重要事项或者法定事项,用"公告"。

(4)通告。在一定范围内公布应当遵守或周知的事项,用"通告"。

(5)通知。发布规章和行政措施,转发上级机关、同级机关和不相隶属机关的公文,批转下级机关的公文,要求下级机关办理和需要周知或共同执行的事项,任免和聘用干部,用"通知"。

(6)通报。表扬先进,批评错误,传达重要精神,交流重要情况,用"通报"。

(7)报告。向上级机关汇报工作、反映情况、提出建议,用"报告"。

(8)请示。向上级机关请求指示、批准,用"请示"。

(9)批复。答复下级机关的请示事项,用"批复"。

(10)条例。用于制定规范工作、活动和行为的规章制度,用"条例"。

(11)规定。用于对特定范围内的工作和事务制定具有约束力的行为规范,用"规定"。

(12)意见。对某一重要问题提出设想、建议和安排,用"意见"。

(13)函。不相隶属机关之间相互商洽工作、询问和答复问题,向有关主管部门请求批准等,用"函"。

(14)会议纪要。记载、传达会议议定事项和主要精神,用"会议纪要"。

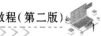
如图 1.1 所示就是利用 Word 2016 软件制作的公文排版案例。

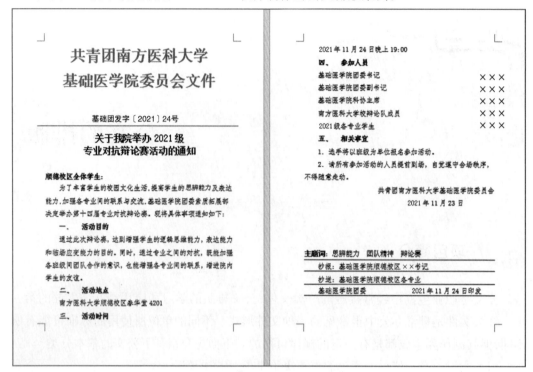

图 1.1　"专业对抗辩论赛活动的通知"样张

1. 插入编号:执行【插入】→【符号】→【编号】命令。

2. 设置首行缩进:执行【开始】→【段落】命令,单击右下角的对话框启动器按钮,打开"段落"对话框,设置"特殊格式"为"首行缩进"。

3. 设置页边距:执行【布局】→【页面设置】→【页边距】命令。

4. 绘制形状:执行【插入】→【插图】→【形状】命令。

5. 设置字体颜色:执行【开始】→【字体】→【字体颜色】命令。

6. 插入特殊符号:执行【插入】→【符号】→【符号】命令,在下拉列表中选择"其他符号"。

▶▶任务 1　新建文档

1. 启动 Word 2016,新建空白文档。

2. 设置文档的页面大小为 A4,纸张方向为纵向。

3. 将新建的文档保存在桌面上,文件名为"专业对抗辩论赛活动的通知"。

4. 设置页边距：执行【布局】→【页面设置】→【页边距】命令,在下拉列表中选择"自定义边距",在打开的"页面设置"对话框中设置上、下、左、右页边距分别为 3.7 厘米、3.5 厘米、2.8 厘米、2.6 厘米。

▶▶ **任务2 设置标题**

1. 输入标题"共青团南方医科大学""基础医学院委员会文件",并设置其为"宋体""小初""红色""加粗""居中",效果如图 1.2 所示。

2. 空两行后输入"基础团发字〔2021〕24 号",并设置其为"仿宋 GB2312""三号""加粗""居中",效果如图 1.2 所示。

共青团南方医科大学
基础医学院委员会文件

基础团发字〔2021〕24号

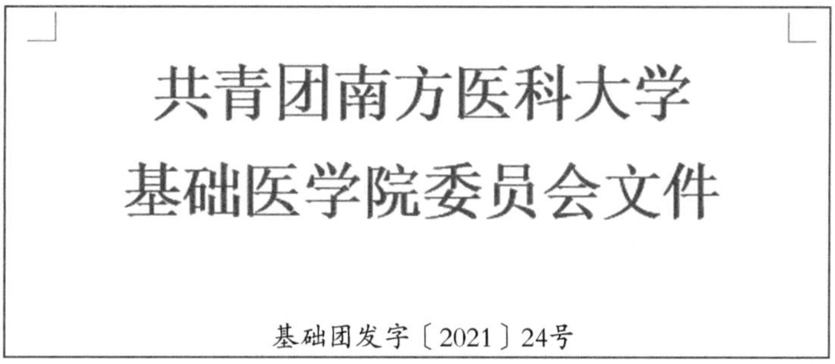

图 1.2 输入标题并设置格式

▶▶ **任务3 制作公文中红色反线**

1. 执行【插入】→【插图】→【形状】命令,在下拉列表中选择"直线"进行绘制,如图 1.3 所示。

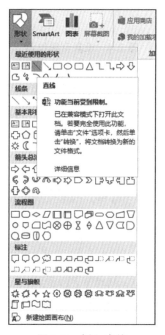

图 1.3 插入直线

技能加油站

绘制直线时,按住【Shift】键可以绘制水平或竖直直线。

2. 编辑形状直线。

(1)选中直线,执行【绘图工具—格式】→【排列】→【位置】命令,在下拉列表中选择"其他布局选项",打开"布局"对话框,将"水平"项中的"对齐方式"设置为"居中",设置"相对于"为"页面";将"垂直"项中的"绝对位置"设置为"7厘米"(平行文或下行文标准,上行文为13.5厘米),设置"下侧"为"页边距",如图1.4所示,单击"确定"按钮。

图1.4 设置直线位置

(2)在【大小】功能组中将"宽度"设置为"15.5厘米"。

(3)选择直线并单击鼠标右键,在弹出的快捷菜单中选择"设置形状格式"命令,打开"设置形状格式"任务窗格,在"线条"中设置"颜色"为红色、"宽度"为"1.5磅"。

制作完成后的效果如图1.5所示。

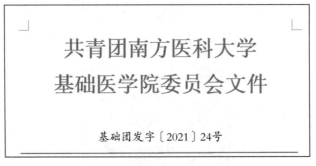

图1.5 公文红色反线制作

▶▶ **任务4　输入文本**

按照样张(图1.1)输入文本内容,如图1.6所示。

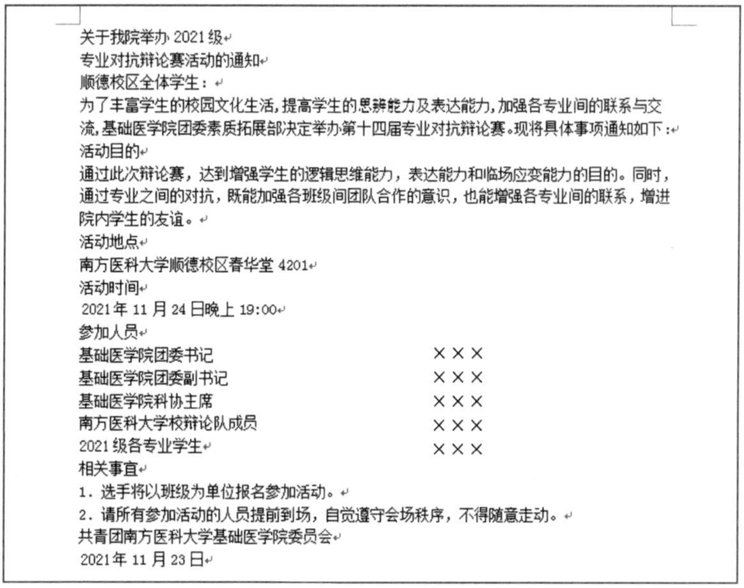

关于我院举办 2021 级
专业对抗辩论赛活动的通知
顺德校区全体学生:
为了丰富学生的校园文化生活,提高学生的思辨能力及表达能力,加强各专业间的联系与交流,基础医学院团委素质拓展部决定举办第十四届专业对抗辩论赛。现将具体事项通知如下:
活动目的
通过此次辩论赛,达到增强学生的逻辑思维能力,表达能力和临场应变能力的目的。同时,通过专业之间的对抗,既能加强各班级间团队合作的意识,也能增强各专业间的联系,增进院内学生的友谊。
活动地点
南方医科大学顺德校区春华堂 4201
活动时间
2021 年 11 月 24 日晚上 19:00
参加人员
基础医学院团委书记　　　　　　×××
基础医学院团委副书记　　　　　×××
基础医学院科协主席　　　　　　×××
南方医科大学校辩论队成员　　　×××
2021 级各专业学生　　　　　　　×××
相关事宜
1. 选手将以班级为单位报名参加活动。
2. 请所有参加活动的人员提前到场,自觉遵守会场秩序,不得随意走动。
共青团南方医科大学基础医学院委员会
2021 年 11 月 23 日

图1.6　输入文本

▶▶ **任务5　设置文本格式**

1. 标题位于红色反线空一行之下,并设置其为"宋体""二号""加粗""居中"。
2. 将"顺德校区全体学生:"设置为"仿宋 GB2312""三号""加粗"。
设置完成后的效果如图1.7所示。

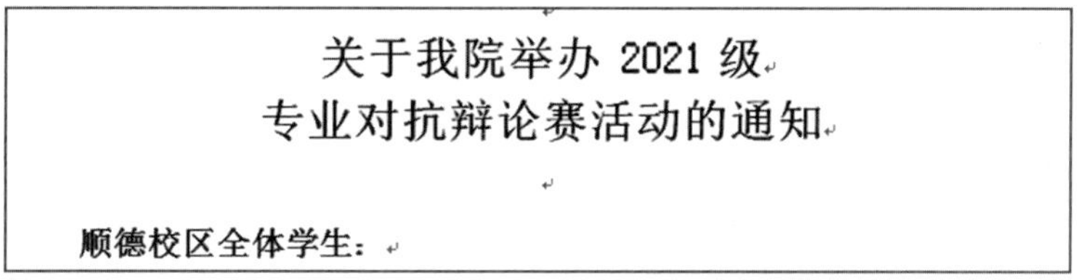

关于我院举办 2021 级
专业对抗辩论赛活动的通知

顺德校区全体学生:

图1.7　设置文本格式后的效果图

3. 将正文各段设置为"仿宋 GB2312""三号"。
4. 选中正文各段并执行【开始】→【段落】命令,单击右下角对话框启动按钮,打开"段落"对话框,设置"特殊格式"为"首行缩进","缩进值"为"2 字符"。

▶▶ **任务6　添加编号**

1. 选择"活动目的""活动地点""活动时间""参加人员""相关事宜"。
2. 执行【开始】→【段落】→【编号】命令,选择适合的编号,如图1.8所示。

图 1.8　设置编号

 技能加油站

在编辑编号格式时,如果想对编号进一步美化和编辑,可以在弹出的下拉列表中选择"定义新编号格式"选项,在打开的"定义新编号格式"对话框中进行设置。

▶▶ 任务7　制作公文主题词

1. 输入文字,如图 1.9 所示。

主题词:思辨能力　团队精神　辩论赛
抄报:基础医学院顺德校区××书记
抄送:基础医学院顺德校区各专业
基础医学院团委　　　　2021 年 11 月 24 日印发

图 1.9　输入主题词

2. 设置文字格式。

（1）选中"主题词"并将其设置为"黑体""三号",其余文字设置为"仿宋 GB2312""三号"。

（2）选择第 2、3、4 行,执行【开始】→【段落】命令,单击右下角对话框启动按钮,打开"段落"对话框,设置"特殊格式"为"首行缩进","缩进值"为"2 字符"。

（3）执行【插入】→【插图】→【形状】命令,在下拉列表中选择"直线",在每行下方绘制平行直线,执行【绘图工具—格式】→【形状样式】→【形状轮廓】命令,将颜色设置为"黑色",执行【排列】→【位置】命令,在下拉列表中选择"其他布局选项"打开"布局"对话框,选择"大小"选项卡,将"宽度"中的"绝对值"设置为"15.7 厘米",效果如图 1.10 所示。

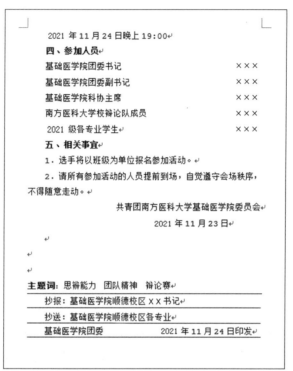

图 1.10　设置主题词格式

　技能加油站

公文由于分类较多,每类公文的格式也不尽相同。因此,想做好公文排版,还要多学习公文的写作格式等知识。

　**拓展项目**

制作如图 1.11 所示的公司行政处文件。

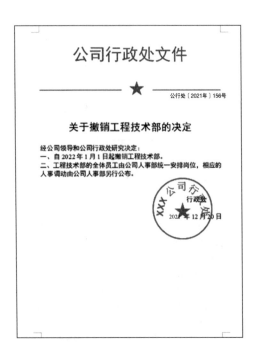

图 1.11　"公司行政处文件"样张

具体操作步骤如下:

1. 启动 Word 2016,新建空白文档。

2. 设置文档的纸张大小为 A4,纸张方向为纵向。

3. 执行【布局】→【页面设置】→【页边距】命令,在下拉列表中选择"自定义边距"命令,打开"页面设置"对话框,分别设置上、下、左、右的页边距为 3.5 厘米、3.5 厘米、3.2 厘米、3.2 厘米,如图 1.12 所示;选择"文档网格"选项卡,选中"只指定行网格"单选按钮,如图 1.13 所示。

图 1.12　设置页边距

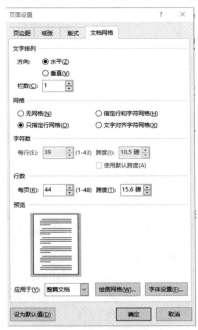

图 1.13　设置文档网格

4. 输入文字,如图 1.14 所示。

公司行政处文件

公行处〔2021年〕156号

关于撤销工程技术部的决定

经公司领导和公司行政处研究决定:
一、自2022年1月1日起撤销工程技术部。
二、工程技术部的全体员工由公司人事部统一安排岗位,相应的人事调动由公司人事部另行公布。

行政处
2021 年 12 月 20 日

图 1.14　输入文字

5. 将文字"公司行政处文件"设置为"黑体""小初""红色""居中"。

6. 选中"公行处〔2021 年〕156 号",并将其设置为"黑体""小四""红色""右对齐"。

7. 选中标题"关于撤销工程技术部的决定",并将其设置为"黑体""二号""居中"。

8. 将其余各段设置为"黑体""四号"。

9. 选中最后两行并将其设置为"右对齐",为倒数第 2 行文字的右侧插入空格。

格式设置后的效果如图 1.15 所示。

图 1.15　设置字体格式

10. 制作公文红色反线及五角星。

(1) 在第 2 行添加空格符,如图 1.16 所示。

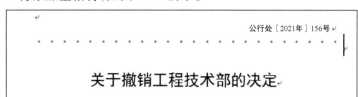

图 1.16　添加空格符

技能加油站

若要求不显示空格符,可执行【文件】→【选项】命令,打开"Word 选项"对话框,取消选中"显示"选项组中的"空格"复选框。

(2)选择空格符中间位置,执行【插入】→【符号】→【符号】命令,在下拉列表中选择"其他符号",如图 1.17 所示。

(3)打开"符号"对话框,在"字体"中选择"Wingdings",在"字符代码"中输入"171",即为"★",如图 1.18 所示。

图 1.17 插入符号

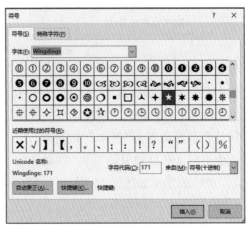

图 1.18 插入"★"

技能加油站

还可以执行【插入】→【插图】→【形状】命令绘制符号"★"。

(4)选择"★",执行【开始】→【字体】→【字号】命令,将其设置为"小初"。

(5)选择"★"左边所有的空格符,执行【开始】→【字体】→【下划线】命令,在下拉列表中设置"下划线颜色"为"红色",如图 1.19 所示。选择"★"右边所有的空格符,按同样的操作添加下划线。

(6)选择两边的下划线,执行【开始】→【字体】命令,单击右下角对话框启动按钮,打开"字体"对话框,单击"高级"选项卡,设置"位置"为"提升"、"磅值"为"15 磅",如图 1.20 所示。

图 1.19　选择下划线　　　　　图 1.20　设置下划线位置

11．制作公章。

（1）执行【插入】→【插图】→【形状】命令，在下拉列表中选择"椭圆"，按住【Shift】键绘制正圆。

（2）选中形状，执行【绘图工具—格式】→【形状样式】→【形状填充】命令，在下拉列表中选择"无填充颜色"；单击【形状轮廓】，在下拉列表中选择"红色"，设置"粗细"为"1.5 磅"。

（3）执行【插入】→【文本】→【艺术字】命令，选择任一艺术字，并输入文字"×××公司行政处"。

（4）选中"×××公司行政处"，执行【绘图工具—格式】→【艺术字样式】→【文体填充】命令，在下拉列表中将字体的颜色设置为"红色"；继续执行【绘图工具—格式】→【艺术字样式】→【文本轮廓】命令，在下拉列表中选择"无轮廓"。

（5）执行【绘图工具—格式】→【艺术字样式】→【文本效果】命令，在下拉列表中选择"转换"下的"跟随路径"中的"上弯弧"，如图 1.21 所示。

（6）调整字体大小、弧度。

（7）执行【插入】→【插图】→【形状】命令，选择"五角星"，按住【Shift】键绘制，将填充和轮廓都设置为"红色"。公章制作完成后的"效果"如图 1.22 所示。

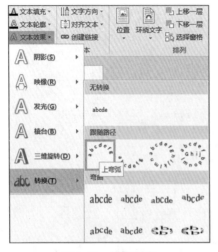

图 1.21　跟随路径

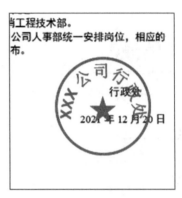

图 1.22　公章效果图

 课后练习

1. 制作"公司文件",效果如图 1.23 所示。

图 1.23　"公司文件"样张

2. 制作"公司通知",效果如图 1.24 所示。

通　知

××公司全体职工：

中秋来临，本公司决定于 2021 年 9 月 19 日至 2021 年 9 月 21 日放假，请大家相互转告。祝大家节日快乐！

××公司人事部

2021 年 9 月 5 日

图1.24　"公司通知"样张

项目小结

本项目通过"专业对抗辩论赛活动的通知""公司行政处文件""公司文件""公司通知"等公文的制作，使读者学会插入编号、设置首行缩进、设置页边距、绘制形状、设置字体颜色、插入特殊符号等方法。读者在学会项目案例制作的同时，能够将所学知识活学活用到实际工作和生活中。

项目二

论文的排版

 项目简介

　　小陈是一名大四的学生,经过四年的学习生活,小陈即将大学毕业。现在他要完成的最后一项"作业"就是对毕业论文进行排版。毕业论文是每个学生在毕业前都要通过的一项考核,也是衡量学生学习水平的重要标志。因此,论文的排版在学业生涯中起着重要的作用。图2.1就是利用Word软件制作出来的论文封面效果图。

图2.1　"论文封面"样张

知识点导入

1. 插入特殊符号：执行【插入】→【符号】→【符号】命令，在下拉列表中选择"其他符号"。

2. 设置段落间距：选中要设置的段落，打开"段落"对话框，在其中设置间距。

3. 设置行距：打开"段落"对话框，在其中设置行距。

4. 为文字添加边框：选中文字，执行【开始】→【段落】→【边框】命令，添加边框。

5. 设置标题样式：执行【开始】→【样式】→【标题1】（或其他样式）命令。

6. 设置页眉和页脚：执行【插入】→【页眉和页脚】→【页眉】（【页脚】）命令，在下拉列表中选择"编辑页眉"（"编辑页脚"）命令。

7. 给文章分页：执行【插入】→【页面】→【分页】命令。

8. 生成目录：执行【引用】→【目录】→【目录】命令，在下拉列表中选择"自动目录1"。

解决方案

▶▶ 任务1 新建文档

1. 启动 Word 2016，新建空白文档。

2. 设置文档的纸张大小为 A4，纸张方向为纵向，上、下、左、右页边距均为 2.5 厘米。

3. 将新建的文档保存在桌面上，文件名为"论文排版"。

▶▶ 任务2 输入文本并设置

1. 输入文本，如图 2.2 所示。

学号⋯⋯⋯⋯⋯

××××职业技术学院

毕业论文

毕业设计

毕业实习报告

（请在相应的文章类型中打"√"）

（论文题目）

系（部）⋯⋯⋯⋯⋯⋯

专业名称⋯⋯⋯⋯⋯

年⋯级⋯⋯⋯⋯⋯

学生姓名⋯⋯⋯⋯⋯

指导教师⋯⋯⋯⋯⋯

年⋯月⋯日⋯⋯

图 2.2 输入文本

技能加油站

在输入"√"时可以执行【插入】→【符号】→【符号】命令,在下拉列表中选择"其他符号",在打开的"符号"对话框中的"子集"中选择"数学运算符"。

2. 插入符号。

(1) 执行【插入】→【符号】→【其他符号】命令,在下拉列表中选择"其他符号",打开"符号"对话框,设置"字体"为"(普通文本)","子集"为"几何图形符",如图2.3 所示。

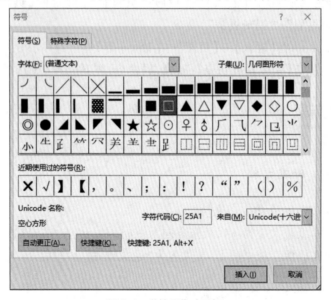

图2.3 "符号"对话框

技能加油站

特殊符号的样式很多,如数学运算符、方块元素等。

(2) 在第3、4、5 段前分别插入符号"□",如图2.4 所示。

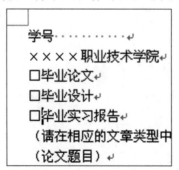

图2.4 插入符号"□"

3. 设置字符和段落格式。

（1）选中第 2、3、4、5 段之外的段落，将其设置为"楷体""四号"，并将第 6 段、第 7 段和第 13 段设置为"居中"。

（2）选中第 2 段，设置字体为"汉仪行楷简""小初""加粗""居中"。

（3）选中第 3、4、5 段，设置字体为"宋体""小二""居中"。

（4）选中"系（部）"到"指导教师"段后的空格，为其添加下划线，如图 2.5 所示。

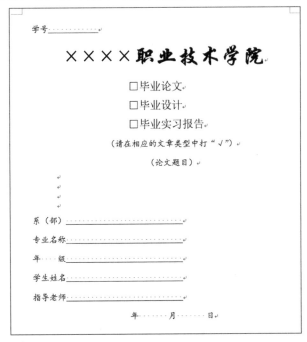

图 2.5　添加下划线

（5）选中第 1 段，在"段落"对话框中设置"段前"为"2 行"。

（6）选中第 2 段，在"段落"对话框中设置"段前""段后"均为"1 行"。

（7）选中第 3、4、5 段，在"段落"对话框中设置"段前"为"1 行"，"段后"为"0.5 行"。

（8）选中第 8、9、10、11、12 段，在"段落"对话框中设置"段前"为"0.5 行"，"段后"为"1 行"，首行缩进"8 字符"。

（9）选中第 7 段，在"段落"对话框中设置"缩进"中的左、右侧均为"4 字符"，"段前"为"0.5 行"，"行距"为"多倍行距"。

（10）选中第 7 段，执行【开始】→【段落】→【边框】命令，在下拉列表中选择"边框和底纹"命令，添加"方框"，设置"应用于"为"段落"，效果如图 2.6 所示。

图 2.6　文字设置

4. 设置论文标题。

（1）输入论文内容。

（2）选中论文的一级标题,执行【开始】→【样式】→【标题 1】命令,如图 2.7 所示。

（3）选中论文的二级标题,执行【开始】→【样式】→【标题 2】命令,如图 2.8 所示。

（4）选中论文的三级标题,执行【开始】→【样式】→【标题 3】命令,如图 2.9 所示。

图 2.7　更改为"标题 1"样式　　　图 2.8　更改为"标题 2"样式　　　图 2.9　更改为"标题 3"样式

（5）设置论文的其他段落为"宋体""五号","首行缩进"为"2 字符"。

技能加油站

1. 设置标题格式时,每个标题的左边都会出现"■",但在最终打印时并不出现,只作为格式符号显示。

2. 如果标题数量过多,一个一个选中过于麻烦,我们可以使用【格式刷】工具进行设置。具体方法如下:选中调整好格式的标题,执行【开始】→【剪贴板】→【格式刷】命令,把鼠标移动到需要设置与其一样格式的标题上,单击鼠标左键即可设置。

3. 如果想修改样式,可以在所选样式上单击鼠标右键,利用右键快捷菜单中的"修改"命令进行设置。

5. 将光标移动到每一章最前面,执行【插入】→【页面】→【分页】命令,为每一章进行分页。

6. 设置页眉和页脚。

(1) 执行【插入】→【页眉和页脚】→【页眉】命令,在下拉列表中选择"编辑页眉",输入"××××职业技术学院"。

(2) 选中"××××职业技术学院",将其格式设置为"宋体""小五",执行【页眉和页脚工具—设计】→【关闭页眉和页脚】命令,效果如图2.10所示。

图2.10　编辑页眉

技能加油站

编辑页码格式时,可以执行【插入】→【页眉和页脚】→【页码】命令,在下拉列表中选择"设置页码格式",打开"页码格式"对话框,在其中进行多种设置。

7. 执行【引用】→【目录】→【目录】命令,在下拉列表中选择"自动目录1"自动生成论文目录,如图2.11所示。

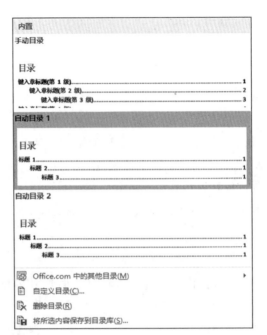

图2.11　自动生成目录

拓展项目

制作如图2.12所示的投标书。

图2.12　"投标书"样张

具体操作步骤如下：

1. 打开文档"投标书（原文）"。

2. 选中投标书的一级标题，执行【开始】→【样式】→【标题1】命令，如图2.13所示。

3. 设置正文格式。

（1）设置正文字体为"仿宋 GB2312""小四"。

（2）将第1页除第1段外所有段落设置"首行缩进"为"2字符"。

（3）在第1页中的空格处加下划线，如图2.14所示。

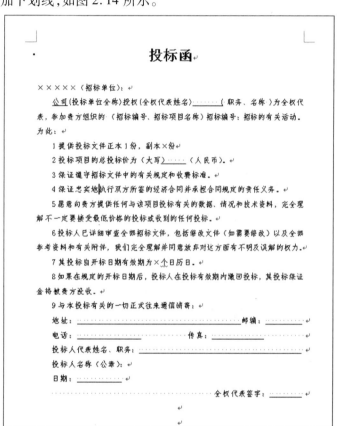

图2.13　设置标题格式　　　　　　　图2.14　设置下划线

（4）执行【插入】→【页面】→【分页】命令，为"投标总报价表""投标明细报价表""授权委托书"分别添加分页。

（5）在各页中的空格处加下划线。

4. 执行【引用】→【目录】→【目录】命令，在下拉列表中选择"自动目录1"，自动生成投标书目录，如图2.15所示。

图 2.15　自动生成目录

　技能加油站

1. 如果要对生成后的目录进行修改,可以直接对文章中的标题进行修改,修改完成后执行【引用】→【更新目录】→【更新整个目录】命令;还可以直接在目录上单击鼠标右键,在弹出的快捷菜单中选择"更新域"命令进行目录的更新。若只是文章内容和页数有所变化,则可以执行【引用】→【更新目录】→【只更新页码】命令。

2. 按住【Ctrl】键的同时在目录上单击鼠标右键,可以直接跳转至目录所显示的那一章节的页面,不用一页一页地找。

　**课后练习**

1. 对论文进行排版,效果分别如图 2.16、图 2.17 所示。

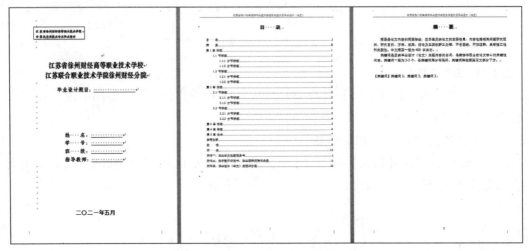

图 2.16　"论文排版 1"样张

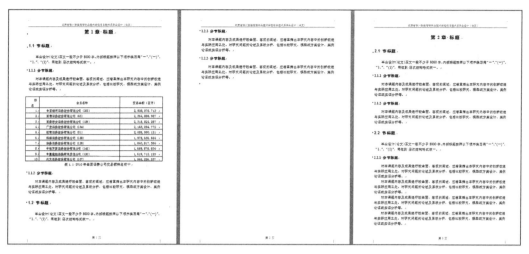

图 2.17 "论文排版 2"样张

2. 制作调查问卷,效果如图 2.18 所示。

图 2.18 "调查问卷"样张

项目小结

本项目通过"论文封面""投标书""论文排版 1""论文排版 2""调查问卷"等内容的制作,使读者学会使用特殊符号、设置标题样式、设置页眉和页脚、给文章分页、自动生成目录、设置段落间距、设置行距、添加文字的边框等方法。读者在学会项目案例制作的同时,能够活学活用到实际工作和生活中。

项目三

名片的制作

项目简介

名片是标示姓名及其所属组织、公司单位和联系方法的纸片。交换名片是新朋友互相认识、自我介绍快速有效的方法。利用 Word 软件可以简便快捷地制作出独具个性的名片。

如何使用 Word 软件制作出精美的名片呢？下面我们一起来制作如图 3.1 所示的名片。

图3.1　"名片"样张

知识点导入

1. 插入形状：执行【插入】→【插图】→【形状】命令。

2. 插入图片：执行【插入】→【插图】→【图片】命令。

3. 删除图片背景：执行【图片工具—格式】→【调整】→【删除背景】命令。

4. 设置图片位置：执行【图片工具—格式】→【排列】→【位置】命令，在下拉列表中选择"其他布局选项"，在打开的"布局"对话框中进行设置。

5. 下载模板：执行【文件】→【新建】命令，下载所需要的模板类型。

6. 设置纸张大小:执行【布局】→【页面设置】→【纸张大小】命令。

解决方案

▶▶ 任务1 新建文档

1. 启动 Word 2016,新建空白文档。

2. 设置文档的纸张大小为"A4",纸张方向为"纵向",上、下、左、右页边距均为"2.5厘米"。

3. 将新建的文档保存在桌面上,文件名为"名片"。

▶▶ 任务2 制作名片内容

1. 绘制名片底纹。

(1) 执行【插入】→【插图】→【形状】命令,在下拉列表中选择"矩形"。

(2) 绘制一个矩形并右击,在弹出的快捷菜单中选择"其他布局选项",在打开的"布局"对话框中选择"大小"选项卡,设置宽度为9厘米、高度为5.4厘米,如图3.2所示。

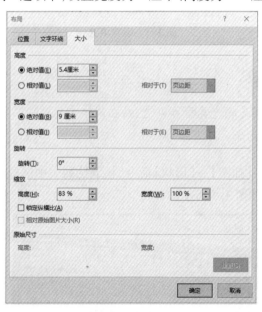

图 3.2 绘制矩形

(3) 执行【绘图工具—格式】→【形状样式】→【设置形状格式】命令,打开"设置形状格式"任务窗格,在"填充"中选中"图案填充",并选择"40%",如图3.3所示。

图 3.3　图案填充

 技能加油站

　　"填充"中还有其他填充类型可以选择,在制作名片时可以根据使用名片人的身份、名片性质等进行选择。

　　(4)执行【插入】→【插图】→【形状】命令,在下拉列表中选择"直角三角形",绘制好后对其进行调整,效果如图 3.4 所示。

图 3.4　绘制直角三角形

　　2. 输入内容并设置。

　　(1)执行【插入】→【文本】→【文本框】命令,在下拉列表中选择"绘制文本框",绘制文本框。

（2）单击文本框，执行【绘图工具—格式】→【形状填充】命令，在下拉列表中选择"无填充颜色"，执行【形状轮廓】命令，在下拉列表中选择"无轮廓"。

（3）输入"张三""市场总监"。

（4）设置"张三"为"楷体""小二""居中"，设置"市场总监"为"楷体""五号""右对齐"，效果如图 3.5 所示。

图 3.5 输入姓名、职务并设置其格式

（5）执行【插入】→【文本】→【文本框】命令，在下拉列表中选择"绘制文本框"，绘制文本框，并按步骤（2）的方法进行格式设置。

（6）输入文本"地址：北京市朝阳区 123 号好有趣科技有限公司""联系方式：13013900000""QQ：12345678"，并设置为"楷体""五号""左对齐"，效果如图 3.6 所示。

图 3.6 输入文本内容并设置其格式

（7）执行【插入】→【文本】→【文本框】命令，在下拉列表中选择"绘制文本框"，输入文本"北京好有趣科技有限公司"，并设置为"汉真广标""五号"；将字符间距设置为"加宽""1 磅"。

 技能加油站

1. 名片正面一般包含本人的姓名、单位、联系方式，背面一般可以写公司经营项目，如果和国外有业务的话，最好有英文版；如果是个人名片，可以放照片、简短的话等。

2. 一般名片宽度为 9 厘米、高度为 5.4 厘米（这是黄金分割的比例，采用这一比例能够给人以美感）。

（8）执行【插入】→【插图】→【图片】命令，插入指定图片。

（9）执行【图片工具—格式】→【排列】→【位置】命令，在下拉列表中选择"其他布局选项"，打开"布局"对话框，选择"文字环绕"选项卡，设置"环绕方式"为"浮于文字上方"，如图3.7所示。

图3.7　设置图片位置

（10）选中图片，执行【图片工具—格式】→【调整】→【删除背景】→【关闭】→【保留更改】命令，效果如图3.8所示。

图3.8　删除图片背景

（11）选中图片，将图片缩小并放到合适的位置，如图3.9所示。

图3.9　放置图片

（12）执行【插入】→【插图】→【形状】命令，在下拉列表中选择"直线"，绘制一条直线。

（13）设置直线宽度为"8 厘米"，并放置在合适的位置。

名片制作完成后的效果如图 3.1 所示。

 拓展项目

制作如图 3.10 所示的邀请函。

图 3.10 "邀请函"样张

具体操作步骤如下：

1. 启动 Word 2016，新建空白文档。

2. 设置文档的纸张大小为"A4"，纸张方向为"横向"，上、下、左、右页边距均为"2 厘米"。

3. 将新建的文档保存在桌面上，文件名为"邀请函"。

4. 执行【插入】→【插图】→【形状】命令，绘制两个矩形，宽度均为"9 厘米"，高度均为"16 厘米"；左边矩形形状填充为深红色，形状轮廓为黑色，右边矩形形状填充为无填充，形状轮廓为黑色，效果如图 3.11 所示。

5. 输入邀请函文本内容，并设置文本格式。

（1）执行【插入】→【文本】→【文本框】命令，在下拉列表中选择"绘制文本框"，在右边矩形中绘制文本框，输入请柬内容，将字体设置为"黑体""小四"。其中，第 1 段顶格书写，第 2 段、第 3 段首行缩进"2 字符"，第 4 段顶格书写，最后一段文本"右对齐"。设置行距为"1.5 倍行距"。

（2）执行【插入】→【文本】→【文本框】命令，在下拉列表中选择"绘制文本框"，在右边矩形中绘制文本框，输入"邀"，将字体设置为"方正舒体""80 号"。

（3）将文本框分别放置在右边矩形合适的位置。

文本格式设置完成后的效果如图 3.12 所示。

图 3.11　设置矩形

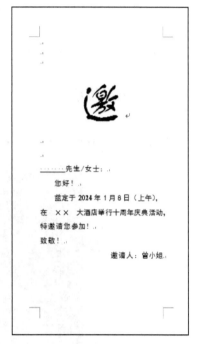

图 3.12　设置邀请函文字格式

 技能加油站

　　邀请函写得是否得体，直接关系到会议或活动的成败。邀请函写作要点：

　　（1）层次要清楚，文字简单明了，尤其是时间、地点、参加人、内容等关键问题，要表述清楚。

　　（2）语气要诚恳、热情，使对方能够通过文字感受到邀请方的诚意，从而愉快地接受邀请。

　　（3）邀请函要表现出对受邀方的尊重，不仅使参加人对活动内容有明确的了解，同时也增加了对邀请方的信任度。

　　6. 插入图片并设置。

　　（1）执行【插入】→【插图】→【图片】命令，打开"插入图片"对话框，在其中选择"请柬底图"，如图 3.13 所示。

　　（2）将"请柬底图"图片移到"邀"字的正中。

　　（3）调整"请柬边框"图片的高度和宽度，使其大小正好覆盖整页纸。

　　（4）设置图片的文字环绕方式为"衬于文字下方"。

　　图片设置后的效果如图 3.14 所示。

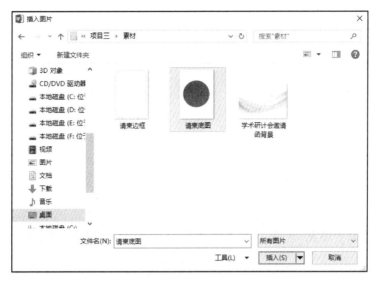

图 3.13　插入图片

图 3.14　图片设置

7. 制作艺术字"请柬"。

（1）执行【插入】→【文本】→【艺术字】命令，打开列表框，如图 3.15 所示。

图 3.15　插入艺术字

（2）选择"渐变填充-蓝色，着色 1，反射"，分别插入"请""柬"二字，并将字体设置为"方正舒体"。

（3）选中艺术字并单击鼠标右键，在弹出的快捷菜单中选择"设置形状格式"，打开"设置形状格式"任务窗格，在"效果"下的"映像"中选择"预设"中的"紧密映像，接触"，如图 3.16 所示，将透明度调整为"70%"。

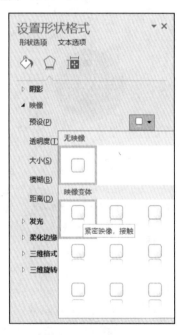

图 3.16　设置映像

（4）调整艺术字的位置，如图 3.17 所示。

图 3.17 调整艺术字的位置

 技能加油站

利用【文件】→【新建】命令,可以下载请柬模板及其他模板,如名片、信函等。制作时可以直接使用模板,方便快捷。

 课后练习

1. 制作名片,效果如图 3.18 所示。

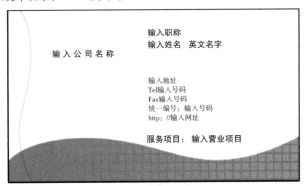

图 3.18 "名片"样张

2. 制作邀请函,效果如图 3.19 所示。

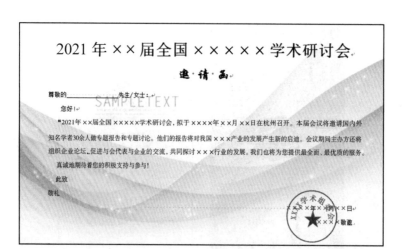

图 3.19 "邀请函"样张

 项目小结

　　本项目通过"制作个人名片""制作活动邀请函"等内容,使读者学会插入形状和图片、设置形状和图片的格式、使用模板、设置页面等方法。读者在学会项目案例制作的同时,能够将所学知识活学活用到实际工作和生活中。

项目四

宣传简报的制作

 项目简介

宣传简报是一种重要宣传工具，在日常工作、学习、生活中应用非常广泛，利用 Word 2016 提供的图文混排功能，可以制作出具有艺术效果的宣传简报。如图 4.1 所示就是利用 Word 软件制作出来的关于地球的宣传简报。

图 4.1 "'献给地球的礼物'宣传简报"样张

知识点导入

1. 添加文本框:执行【插入】→【文本】→【文本框】命令。
2. 添加艺术字:执行【插入】→【文本】→【艺术字】命令。
3. 添加图片:执行【插入】→【插图】→【图片】命令。
4. 添加形状:执行【插入】→【插图】→【形状】命令。
5. 设置页眉:执行【插入】→【页眉和页脚】→【页眉】命令,在下拉列表中选择"编辑页眉"命令。

解决方案

▶▶ **任务1　新建文档**

1. 启动 Word 2016,新建空白文档。
2. 设置本文档的纸张大小为"A4",纸张方向为"纵向",上、下、左、右页边距均为"2 厘米",如图 4.2 所示。

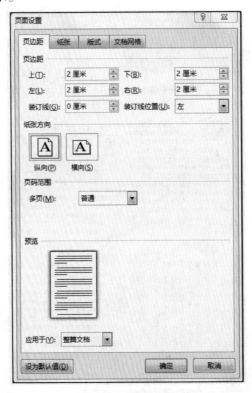

图 4.2　页面设置

3. 将新建的文档保存在桌面上,文件名为"献给地球的礼物"。

▶▶ **任务 2 编辑宣传简报**

1. 版面布局。

（1）利用 10 个段落符确定报头位置。

（2）执行【插入】→【文本】→【文本框】命令,在下拉列表中选择"绘制文本框"或"绘制竖排文本框"命令,插入文本框和竖排文本框,创建出如图 4.3 所示的简单布局。

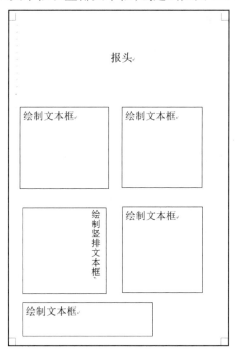

报头

绘制文本框   绘制文本框

绘制竖排文本框   绘制文本框

绘制文本框

图 4.3 版面布局

技能加油站

执行【绘图工具—格式】→【形状样式】→【形状填充】(或【形状轮廓】),即可对文本框进行边框和填充的设置。

2. 编辑报头及标题。

（1）在第 1~4 个段落符后,依次执行【插入】→【文本】→【艺术字】命令,在如图 4.4 所示的列表框中选择所需的艺术字样式,创建报头艺术字。

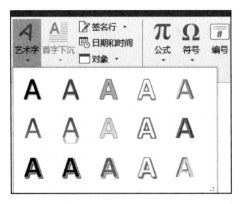

图 4.4　艺术字样式

（2）在艺术字的文字编辑框中分别输入"献给""地球""De""礼物"。

（3）在第 5~9 个段落符后,依次执行【插入】→【文本】→【艺术字】命令,选择艺术字样式,创建标题艺术字。

（4）在艺术字的文字编辑框中分别输入"编者的话""地球""万岁""地球""主人""童心""绘""家园""动物之家"。

（5）执行【绘图工具—格式】→【排列】→【环绕文字】命令,在下拉列表中选择"浮于文字上方",拖动艺术字到相应的位置,如图 4.5 所示。

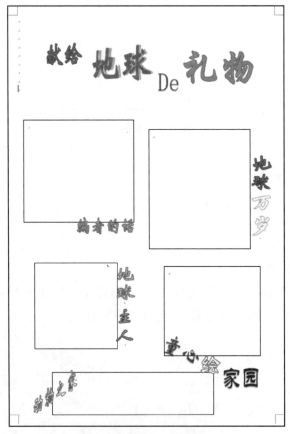

图 4.5　报头及标题艺术字

技能加油站

执行【绘图工具—格式】→【艺术字样式】命令,可以设置艺术字的文本填充、文本轮廓、文本效果等。

3. 输入文本。

(1) 在第 10 个段落符后输入宣传简报的期数、刊号、日期、编者。

(2) 按照宣传简报的内容,在相应的文本框内依次输入文本内容。

(3) 设置文本的格式,如图 4.6 所示。

图 4.6 输入文本后的文本框

▶▶ **任务 3 美化宣传简报**

1. 添加图片。

(1) 选择段落符,执行【插入】→【插图】→【图片】命令,打开"插入图片"对话框。

(2) 选择相应的图片,单击"插入"按钮。

2. 编辑图片。

选中图片,执行【图片工具—格式】→【排列】→【环绕文字】命令,在下拉列表中选择"浮于文字上方"命令,拖动图片并将其放置到相应位置。

 技能加油站

执行【图片工具—格式】→【大小】命令,可以设置图片的高度、宽度、比例等。

3. 添加形状。

（1）选择段落符,执行【插入】→【插图】→【形状】命令,在下拉列表框中选择相应的形状,在文档中拖动鼠标,添加形状。

（2）选中形状,用鼠标拖动顶点,改变形状的状态。

（3）选中形状,执行【绘图工具—格式】→【形状样式】命令,如图 4.7 所示,编辑形状的填充、轮廓、效果,如图 4.8 所示。

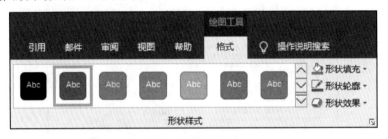

图 4.7　形状样式

图 4.8　添加并编辑形状

（4）选中形状,执行【绘图工具—格式】→【排列】→【环绕文字】命令,在下拉列表中选择"衬于文字下方",拖动形状并将其放置到相应位置。

 技能加油站

利用【Shift】键选中多个形状并单击鼠标右键,在弹出的快捷菜单中选择"组合"命令,可以构成内容更加丰富的新形状。

4. 添加页眉。

（1）执行【插入】→【页眉和页脚】→【页眉】命令,在下拉列表中选择"编辑页眉"。

（2）录入内容并进行格式化设置,如图 4.9 所示。

图 4.9　添加页眉

技能加油站

执行【开始】→【段落】→【边框】命令，在下拉列表中选择"边框和底纹"，打开"边框和底纹"对话框，单击"设置"下的"自定义"，可制作页眉中的下框线，注意"应用于"必须是"段落"。

拓展项目

制作如图 4.10 所示的"严禁酒后危险驾驶行为"宣传简报。

图 4.10　"'严禁酒后危险驾驶行为'宣传简报"样张

具体操作步骤如下：

1. 启动 Word 2016，新建空白文档。

2. 设置文档的纸张大小为"A4",纸张方向为"纵向",上、下、左、右页边距均为"2 厘米"。

3. 将新建的文档保存在桌面上,文件名为"严禁酒驾"。

4. 利用段落符确定报头位置。

5. 执行【插入】→【文本】→【文本框】命令,在下拉列表中选择"绘制文本框"或"绘制竖排文本框"命令,插入文本框和竖排文本框,创建出如图 4.11 所示的简单布局。

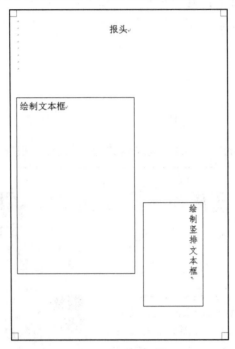

报头

绘制文本框

绘制竖排文本框

图 4.11　版面布局

6. 编辑报头及标题,如图 4.12 所示。

(1)执行【插入】→【文本】→【艺术字】命令,选择艺术字样式,创建报头艺术字和标题艺术字。

(2)执行【绘图工具—格式】→【排列】→【环绕文字】命令,在下拉列表中选择"浮于文字上方",拖动艺术字到相应的位置,对艺术字进行格式化设置。

报头及标题艺术字设置后的效果如图 4.12 所示。

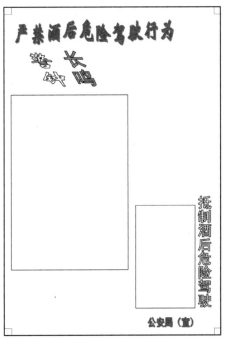

图 4.12　报头及标题艺术字

7. 在相应的文本框内依次输入文本内容,并设置文本格式,如图 4.13 所示。

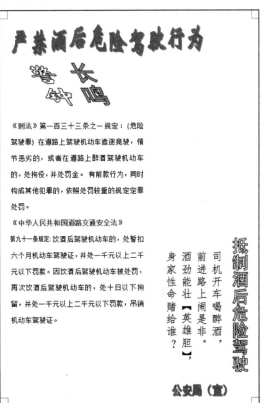

图 4.13　输入文本后的文本框

8. 执行【插入】→【插图】→【图片】命令,添加相应的图片,执行【图片工具—格式】→【排列】→【环绕文字】命令,在下拉列表中选择"浮于文字上方"命令,拖动图片并放置到相应位置。

9. 执行【插入】→【插图】→【形状】命令,添加形状,如图 4.14 所示。执行【绘图工具—格式】→【排列】→【环绕文字】命令,在下拉列表中选择"衬于文字下方",拖动形状并放置到相应位置。

图 4.14 添加并编辑形状

 课后练习

1. 制作"母亲节"宣传简报,效果如图 4.15 所示。

图 4.15 "'母亲节'宣传简报"样张

2. 制作"泰山"宣传简报,效果如图 4.16 所示。

图 4.16 "'泰山'宣传简报"样张

 项目小结

　　本项目通过"献给地球的礼物""严禁酒后危险驾驶行为""母亲节""泰山"等宣传简报的制作,使读者学会创建文本框和艺术字、插入图片、插入和设置形状、设置页眉等方法。读者在学会项目案例制作的同时,能够在以后的工作和生活中制作出更加精美的宣传简报。

项目五

有限公司组织结构图的制作

项目简介

在日常的实际任务中,经常需要表达某个过程、流程或架构,如果单纯使用文字表达,通常描述不够清楚直观,利用 Word 2016 提供的 SmartArt 图形功能,可以制作简洁明了的组织结构图。如图 5.1 所示就是利用 Word 软件制作出来的有限公司组织结构图。

图 5.1 "有限公司组织结构图"样张

知识点导入

1. 设置组织结构图的页面:执行【布局】→【页面设置】命令。

2. 构建组织结构图:执行【插入】→【插图】→【SmartArt】命令,打开"选择 SmartArt 图形"对话框。

3. 设置组织结构图的布局：执行【SmartArt 工具—设计】→【创建图形】→【布局】命令。

4. 修饰组织结构图：执行【SmartArt 工具—设计】→【SmartArt 样式】→【更改颜色】命令。

解决方案

▶▶ 任务1　新建文档

1. 启动 Word 2016，新建空白文档。

2. 设置文档的纸张大小为"A4"，纸张方向为"横向"，上、下、左、右页边距均为"2 厘米"。

3. 将新建的文档保存在桌面上，文件名为"有限公司组织结构图"。

4. 输入标题"有限公司组织结构图"，并设置为"仿宋""小初""居中""加粗"。

▶▶ 任务2　插入、编辑组织结构图

1. 插入组织结构图。

（1）执行【插入】→【插图】→【SmartArt】命令，打开"选择 SmartArt 图形"对话框。

（2）在对话框左侧的列表中选择"层次结构"，在中间区域选择"组织结构图"，在右侧可以看到说明信息，如图 5.2 所示；单击"确定"按钮，即可在文档中插入组织结构图，如图 5.3 所示。

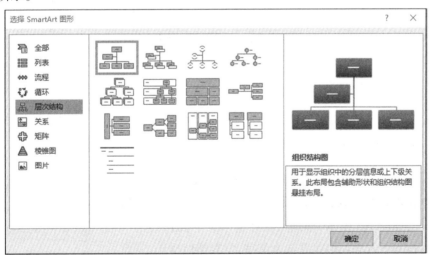

图 5.2　选择"组织结构图"

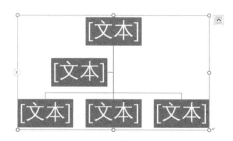

图 5.3 插入"组织结构图"

2. 架构组织结构图。

（1）单击第 1 行图形区域,在图形中输入"总裁"。

 技能加油站

在图形中输入文本时,也可以单击左边框上的按钮打开文本窗口,在其中输入相应的内容。

（2）分别在框图中输入如图 5.4 所示的相应内容。

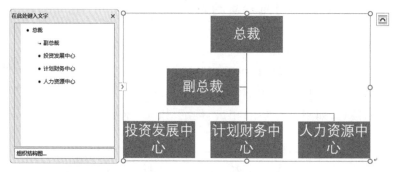

图 5.4 在组织结构图中输入内容

 技能加油站

在图形中输入内容时,若出现内容超出形状的情况,可以利用回车符使内容成为多行内容,也可以利用空格和段落标记使内容下沉到形状较宽的区域。

（3）选中内容为"总裁"的形状,执行【SmartArt 工具—设计】→【创建图形】→【添加形状】命令,在下拉列表中选择"添加助理"选项,如图 5.5 所示,添加形状并输入文字;仍然选中"总裁"形状,在其下方添加形状并输入文字,反复类似操作,完成后的效果如图 5.6 所示。

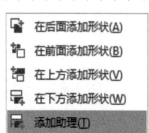

图 5.5 添加形状命令

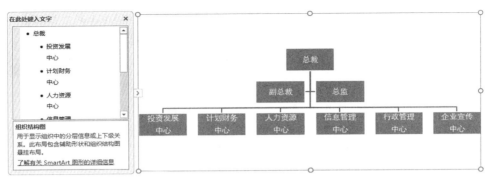

图 5.6　在下方添加形状的效果

（4）选中内容为"总裁"的形状，执行【SmartArt 工具—设计】→【创建图形】→【添加形状】命令，在下拉列表中选择"在上方添加形状"选项，添加形状并输入文字；反复类似操作，完成后的效果如图 5.7 所示。

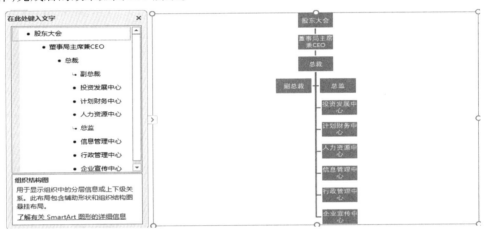

图 5.7　在上方添加形状的效果

（5）选中内容为"股东大会"的形状，执行【SmartArt 工具—设计】→【创建图形】→【添加形状】命令，在下拉列表中选择"添加助理"选项，添加形状并输入文字"董事会"；反复类似操作，添加"监事会"，完成后的效果如图 5.8 所示。

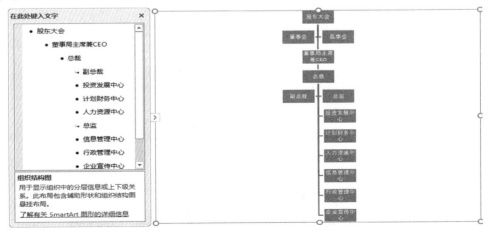

图 5.8　添加助理的效果

（6）依次选中内容为"董事会""监事会"的形状,执行【SmartArt 工具—设计】→【创建图形】→【添加形状】命令,在下拉列表中选择"在下方添加形状"选项,添加形状并分别输入文字"战略研究院""审计稽查中心"。

3. 编辑组织结构图。

（1）依次选中内容为"股东大会""董事局主席兼 CEO""总裁"的形状,执行【SmartArt 工具—设计】→【创建图形】→【布局】命令,在下拉列表中选择"标准"选项,如图 5.9 所示。

图5.9 "布局"下拉列表

（2）选中内容为"董事会"的形状,执行【SmartArt 工具—设计】→【创建图形】→【布局】命令,在下拉列表中选择"左悬挂"选项。

（3）选中内容为"监事会"的形状,执行【SmartArt 工具—设计】→【创建图形】→【布局】命令,在下拉列表中选择"右悬挂"选项。

（4）选中内容为"总裁"的形状,执行【SmartArt 工具—设计】→【创建图形】→【布局】命令,在下拉列表中选择"标准"选项。

技能加油站

在修改布局时,如果对细节不满意,可以单击鼠标左键选取相应的形状,拖动形状到理想的位置后放开。

▶▶ **任务3　美化组织结构图**

1. 格式化组织结构图。

（1）为组织结构图中所有文字设置合适的字体和字号。

（2）用鼠标拖动组织结构图中的各个形状边框,改变形状大小,使文本内容合理展现,如图 5.10 所示。

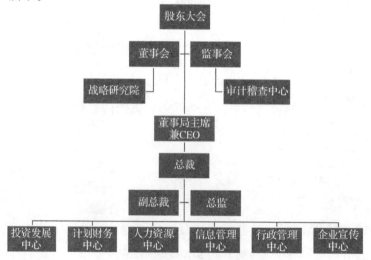

图5.10　格式化组织结构图

技能加油站

　　选取多个同级的形状,执行【SmartArt 工具—格式】→【大小】命令,输入行高和列宽的固定值,同级的形状会大小一致。

　　2. 修饰组织结构图。

　　（1）选中组织结构图,执行【SmartArt 工具—设计】→【SmartArt 样式】→【更改颜色】命令,在下拉列表中选择"彩色"中的"彩色范围 – 个性色 4 至 5",设置整个组织结构图的配色方案,如图 5.11 所示。

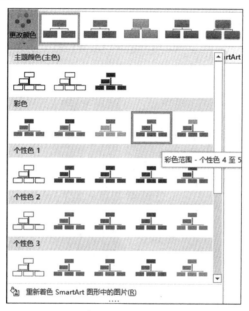

图 5.11　配色方案

技能加油站

　　选取单个形状,执行【SmartArt 工具—格式】→【形状】命令,可以更改单个形状;执行【SmartArt 工具—格式】→【形状样式】→【形状填充】(或【形状轮廓】)命令,可以更换单个形状的填充色或轮廓。

　　（2）选中组织结构图,执行【SmartArt 工具—设计】→【SmartArt 样式】→【其他】命令,打开如图 5.12 所示的列表,选择"三维"中的"嵌入"选项,对整个组织结构图应用新的样式。

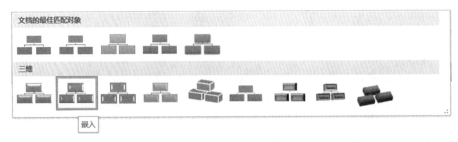

图 5.12　SmartArt 样式

 拓展项目

制作如图 5.13 所示的电商创业说明图。

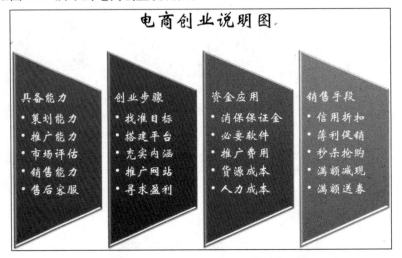

图 5.13　"电商创业说明图"样张

具体操作步骤如下:

1. 启动 Word 2016,新建空白文档,并保存在桌面上,文件名为"电商创业说明图"。

2. 设置文档的纸张大小为"A4",纸张方向为"横向",上、下、左、右页边距均为"2 厘米"。

3. 输入标题"电商创业说明图",并设置为"华文新魏""小初""居中"。

4. 插入梯形列表。

(1) 执行【插入】→【插图】→【SmartArt】命令,打开"选择 SmartArt 图形"对话框。

(2) 在对话框左侧的列表中选择"列表",在中间区域选择"梯形列表",在右侧可以看到说明信息,如图 5.14 所示;单击"确定"按钮,在文档中插入如图 5.15 所示的图形。

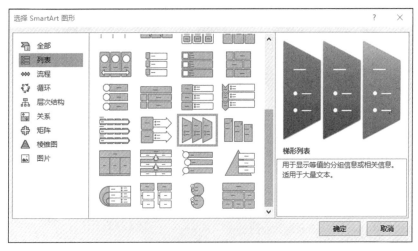

图5.14 选择"梯形列表"

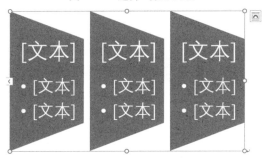

图5.15 插入"梯形列表"

（3）分别在框图中输入如图5.16所示的相应内容。

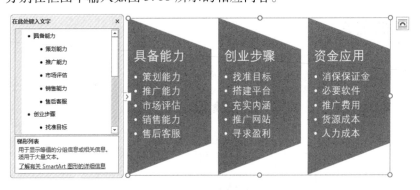

图5.16 在梯形列表中输入内容

（4）选中内容为"资金应用"的形状，执行【SmartArt工具—设计】→【创建图形】→
【添加形状】命令，在下拉列表中选择"在后面添加形状"选项，添加形状并输入如图5.17
所示的文字。

图 5.17   在后面添加形状的效果

 技能加油站

在添加形状时,可以对形状的级别进行升级或降级操作。

5. 美化梯形列表。

(1)将梯形列表中所有文本字体设置为"华文新魏""23 磅"。

(2)选中梯形列表,执行【SmartArt 工具—设计】→【SmartArt 样式】→【更改颜色】命令,在下拉列表中选择"彩色"中的"彩色范围 – 个性色 4 至 5",设置整个组织结构图的配色方案。

(3)选中梯形列表,执行【SmartArt 工具—设计】→【SmartArt 样式】→【其他】命令,在下拉列表中选择"三维"中的"优雅"选项,对整个组织结构图应用新的样式。

 课后练习

1. 制作健康饮食金字塔,效果如图 5.18 所示。

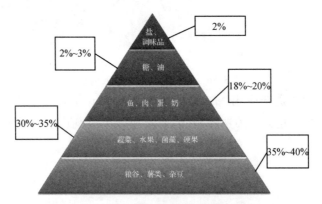

图 5.18   "健康饮食金字塔"样张

2. 制作高校毕业论文流程图,效果如图 5.19 所示。

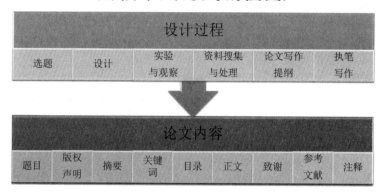

图5.19 "高校毕业论文流程图"样张

 项目小结

  本项目通过"企业组织结构图""电商创业说明图""健康饮食金字塔""高校毕业论文流程图"等项目的制作,使读者学会 SmartArt 图形的插入、编辑和美化等的方法。读者在实际工作和生活中可以制作条理清楚、简约直观的流程图或结构图。

项目六

学生基本情况表的制作

 项目简介

人们在日常生活、工作中常常要接触到各种各样的表格，如学生成绩表、各类申请表、课程表、作息时间表等，利用 Word 2016 提供的强大的表格处理功能，可以使大家轻松自如地制作出美观大方的文表混排效果。如图 6.1 所示就是利用 Word 软件制作出来的学生基本情况登记表。

学生基本情况登记表

姓　名		曾用名			出生年月			照片
性　别		民　族			政治面貌			
年　龄		籍　贯			身体状况			
基本情况	毕业学校							
	家庭地址							

成绩	第一学期	第二学期	第三学期	第四学期	第五学期	第六学期	毕业设计

何时何地受过何种处罚		何时何地受过何种奖励	

备注	(一) 一律用铅笔填写，字迹要端正、清楚。 (二) 内容要具体、真实。

图 6.1 "学生基本情况登记表"样张

 知识点导入

1. 插入表格:执行【插入】→【表格】命令,在下拉列表中选择"插入表格"。
2. 合并单元格:选取要合并的单元格,执行【表格工具—布局】→【合并】→【合并单元格】命令。
3. 拆分单元格:选取要拆分的单元格,执行【表格工具—布局】→【合并】→【拆分单元格】命令。
4. 调整单元格的行高或列宽:可按住鼠标左键手动拖曳,也可利用【表格工具—布局】→【单元格大小】命令调整高度或宽度。
5. 设置单元格对齐方式和文字方向:可利用【表格工具—布局】→【对齐方式】命令调整。
6. 设置表格框线:选择表格,执行【表格工具—设计】→【边框】→【边框】命令,在下拉列表中选择"边框和底纹"。

解决方案

▶▶ 任务 1　新建文档

1. 启动 Word 2016,新建空白文档。
2. 设置文档的纸张大小为"A4",纸张方向为"纵向",上、下、左、右页边距均为"2.5厘米"。
3. 将新建的文档保存在桌面上,文件名为"学生基本情况登记表"。
4. 输入表格标题"学生基本情况登记表",并设置为"黑体""小二""居中"。

▶▶ 任务 2　插入、编辑表格

1. 插入表格。
(1)执行【插入】→【表格】→【表格】命令,在下拉列表中选择"插入表格",打开"插入表格"对话框。
(2)设置"列数"为"7","行数"为"13",如图 6.2所示。

图 6.2　"插入表格"对话框

技能加油站

如果给定文本内容,可以通过执行【插入】→【表格】→【表格】命令,在下拉列表中选择"文本转换成表格",将文本转换为表格。

(3)单击"确定"按钮,创建出如图6.3所示的简单表格。

图6.3　创建简单表格

2. 编辑表格。

(1)分别选取第7列的1~3行单元格、第1列的4~5行单元格、第4行的3~7列单元格、第5行的3~7列单元格、第1列的6~11行单元格、第12行的2~4列单元格、第12行的6~7列单元格、第13行的2~7列单元格,依次执行【表格工具—布局】→【合并】→【合并单元格】命令。

(2)选中要显示各学期成绩的单元格区域,执行【表格工具—布局】→【合并】→【拆分单元格】命令,在弹出的"拆分单元格"对话框中设置"列数"为"12","行数"为"6"。

(3)将拆分后的单元格的第1行的1~2列、3~4列、5~6列、7~8列、9~10列单元格,最后一列的前4个单元格及后2个单元格分别执行【合并单元格】命令。

编辑后的表格如图6.4所示。

图6.4　编辑后的表格

3. 输入文本。

按照"学生基本情况登记表"的内容，在相应的单元格内依次输入文本内容，如图6.5所示。

姓　名		曾用名		出生年月		照片
性　别		民　族		政治面貌		
年　龄		籍　贯		身体状况		
基本情况	毕业学校					
	家庭地址					

成绩	第一学期	第二学期	第三学期	第四学期	第五学期	第六学期	毕业设计

何时何地受过何种处罚			何时何地受过何种奖励	
备注	（一）一律用铅笔填写，字迹要端正、清楚。 （二）内容要具体、真实。			

图6.5　输入文本后的表格

4. 调整单元格的列宽和行高。

选择"姓名""性别""年龄"三个单元格，将鼠标放置在边框线上，拖动鼠标，调整列宽。依次设置需要调整列宽和行高的单元格。调整后的效果如图6.6所示。

姓　名		曾用名		出生年月		照片
性　别		民　族		政治面貌		
年　龄		籍　贯		身体状况		
基本情况	毕业学校					
	家庭地址					

成绩	第一学期	第二学期	第三学期	第四学期	第五学期	第六学期	毕业设计

何时何地受过何种处罚			何时何地受过何种奖励	
备注	（一）一律用铅笔填写，字迹要端正、清楚。 （二）内容要具体、真实。			

图6.6　调整后的表格

技能加油站

　　手动调整单元格的行高或列宽时,在拖曳鼠标的同时,按住【Alt】键,可以进行微调。也可选中相应的行或列,利用【表格工具—布局】→【单元格大小】命令调整行高或列宽。

　　5. 绘制单元格内的斜线。

　　选中单元格区域,执行【表格工具—设计】→【边框】→【边框】命令,在下拉列表中选择"斜上框线",如图 6.7 所示,即可在相应单元格区域绘制出斜线。

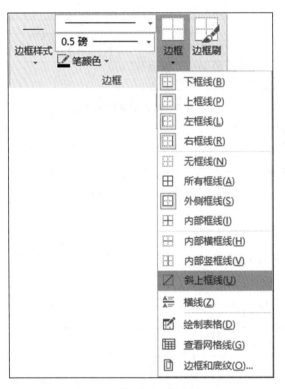

图 6.7　"边框"下拉列表

▶▶ **任务 3　美化表格**

　　1. 设置文本对齐方式。

　　(1) 选中表格中所有文本内容,执行【表格工具—布局】→【对齐方式】→【水平居中】命令,如图 6.8 所示。

　　(2) 选中"备注"右侧单元格中的文本内容,执行【表格工具—布局】→【对齐方式】→【中部两端对齐】命令。

图 6.8　对齐方式

2. 设置文字方向。

依次选择"成绩""毕业设计""备注"单元格,执行【表格工具—布局】→【对齐方式】→【文字方向】命令。

 技能加油站

在设置表格内文本对齐方式或文字方向时,也可以选中表格内的文本内容后单击鼠标右键,在弹出的快捷菜单中选择相应的命令。

3. 设置表格边框线。

(1)选择整张表格,执行【表格工具—设计】→【边框】→【边框】命令,在下拉列表中选择"边框和底纹",在弹出的如图 6.9 所示的对话框中选择"设置"中的"自定义"。

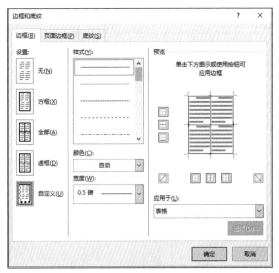

图 6.9 "边框和底纹"对话框

(2)在"样式"列表中选择线型"▬▬▬▬▬",单击"预览"中的上边框和左边框;选择线型为"▬▬▬▬▬",单击"预览"中的下边框和右边框,表格的外边框即设置完毕。

(3)选择"基本情况"所在的两行单元格,执行【表格工具—设计】→【边框】→【边框】命令,在下拉列表中选择"绘制表格",设置线型为"▬▬▬▬▬",在相应的位置绘制出双窄线。

 技能加油站

如果只设置表格的外边框,那么应在"边框和底纹"的"边框"选项卡下,选择"设置"中的"自定义",而不应该是"方框"。如果选择"方框",确定完成后,表格中原有的内框线就会不显示。

 拓展项目

制作如图 6.10 所示的乐团报名表。

××交响乐团公开招聘演奏员报名表

报考岗位：

姓名		身份证号								
户口所在地		民族	性别		政治面貌		近期免冠一寸照			
最高学历	毕业院校		毕业时间							
	毕业证号									
参加工作时间		健康状况	专业技术职称							
联系地址			固定电话							
			移动电话							
E-mail			邮编							
所学专业及第二、第三专业(以能胜任工作为准)				婚姻状况						
现工作单位			工作职务							
个人简历										
本人声明：上述填写内容真实完整。如有不实，本人愿承担一切法律责任。　申请人(签名)：　　　　　年　　月　　日										
单位审核意见	(盖章)　年　月　日			身份证复印件粘贴处						

注：以上表格内容必须填写齐全。

图 6.10　"乐团报名表"样张

具体操作步骤如下：

1. 输入表格标题"××交响乐团公开招聘演奏员报名表"及"报考岗位："。
2. 插入 11 行 9 列的表格，如图 6.11 所示。

××交响乐团公开招聘演奏员报名表
报考岗位：

图 6.11　插入的表格

3.输入部分文本内容,并设置文本格式:

(1)设置标题字体为"黑体""三号""居中"。

(2)设置"报考岗位:"为"仿宋""四号"。

(3)设置表格内的所有文本为"仿宋""五号",文本对齐方式为"水平居中"。

(4)设置"注:以上表格内容必须填写齐全。"为"仿宋""小四号",首行缩进"1 字符"。

文本格式设置后的效果如图6.12所示。

××交响乐团公开招聘演奏员报名表

报考岗位:

姓名		身份证号					近期免冠一寸照
户口所在地		民族	性别		政治面貌		
最高学历	毕业院校		毕业时间				
参加工作时间		健康状况	专业技术职称				
联系地址				固定电话			
E-mail				邮编			
所学专业及第二、第三专业(以能胜任工作为准)				婚姻状况			
现工作单位				工作职务			
个人简历							
本人声明							
单位审核意见	(盖章)年月日			身份证复印件粘贴处			

注:以上表格内容必须填写齐全。

图6.12　设置文本格式后的表格

技能加油站

在合并或拆分单元格之前,先输入表格中部分的文本内容,可以更清晰地知道需要对哪些单元格进行合并或拆分操作。

4. 按照样张选取相应的单元格区域，执行【表格工具—布局】→【合并】→【合并单元格】命令，然后按要求执行【拆分单元格】命令，完成对单元格的合并与拆分，并将未录入的文本内容补充录入，最终效果如图 6.13 所示。

××江交响乐团公开招聘演奏员报名表

报考岗位：

姓名		身份证号														
户口所在地		民族		性别			政治面貌			近期免冠一寸照					
最高学历	毕业院校		毕业时间												
	毕业证号														
参加工作时间		健康状况		专业技术职称											
联系地址							固定电话								
							移动电话								
E-mail							邮编								
所学专业及第二、第三专业（以能胜任工作为准）							婚姻状况								
现工作单位							工作职务								
个人简历															
本人声明：上述填写内容真实完整。如有不实，本人愿承担一切法律责任。申请人（签名）：　　　　　年　　月　　日															
单位审核意见	（盖章）　　年　　月　　日					身份证复印件粘贴处									

注：以上表格内容必须填写齐全。

图 6.13　合并、拆分单元格后的表格

5. 选取相应单元格，配合使用【Alt】键，按住鼠标左键调整单元格的列宽与行高。

6. 分别选取"个人简历""单位审核意见""身份证复印件粘贴处"，执行【表格工具—布局】→【对齐方式】→【文字方向】命令。选取"本人声明……法律责任。"文本，执行【开始】→【段落】→【左对齐】命令，设置完成后的效果如图 6.14 所示。

××交响乐团公开招聘演奏员报名表

报考岗位：

姓名		身份证号											近期免冠一寸照
户口所在地		民族		性别			政治面貌						
最高学历	毕业院校			毕业时间									
	毕业证号												
参加工作时间		健康状况		专业技术职称									
联系地址					固定电话								
					移动电话								
E-mail					邮编								
所学专业及第二、第三专业(以能胜任工作为准)						婚姻状况							
现工作单位					工作职务								
个人简历													
本人声明：上述填写内容真实完整。如有不实，本人愿承担一切法律责任。 申请人（签名）：　　　　　　　年　　月　　日													
单位审核意见	（盖章） 年　月　日		身份证复印件粘贴处										

注：以上表格内容必须填写齐全。

图6.14　调整单元格列宽与行高后的表格

7. 设置表格外框线为 2.25 磅单实线。

选中整张表格，执行【表格工具—设计】→【边框】→【边框】命令，在下拉列表中选择"边框和底纹"，在弹出的如图 6.9 所示的对话框中选择"设置"中的"自定义"。在"宽度"下拉列表中选择"2.25 磅"，单击"预览"中的四条外边框即可完成设置。

 技能加油站

在使用 Word 2016 制作和编辑表格时，可以使用【表格样式】命令快速制作出漂亮的表格。方法如下：执行【表格工具—设计】→【表格样式】→【其他】命令，在样式列表中选择需要的样式即可。

 课后练习

1. 制作成绩单,效果如图 6.15 所示。

系部　　　年级　　　学期				班级　　　姓名　　　学号	家长意见:
科　目	成　绩	科　目	成　绩		
奖　惩　情　况					
事假	病假	旷课	其他		

图 6.15 "成绩单"样张

2. 制作简历表,效果如图 6.16 所示。

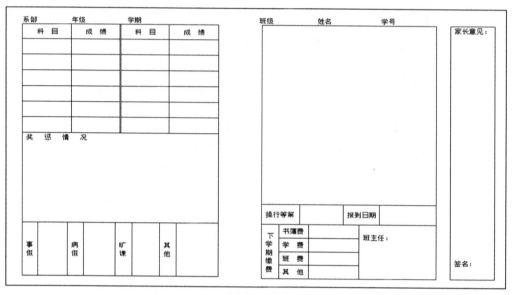

我 的 简 历

个人资料			
姓名: 某某某	婚姻状况: 未婚		
出生日期: 1992-04-01	政治面貌: 团员		照片
性别: 男	民族: 汉		
学位: 本科	移动电话: 13800000000		
专业: 英语	电子邮件: 12345678@qq.com		
教育背景			
2010.9-2014.6	就读于北京师范大学外国语言文学系		
主要课程			
本科阶段主修	大学英语精读、大学英语泛读、英语口语、英语听力、英语写作、英语口译、翻译学、语汇学、语法学、英美概况、英国文学、美国文学、语言学、日语、中外名胜。		
个人能力			
计算机能力			
能熟练使用Office工具及Photoshop、Flash等软件。获国家计算机二级等级资格证书。			
获奖情况			
2011—2012优秀学生会干部　　　　　　　　2012师生合唱比赛一等奖普通话水平测试等级证书英语专业八级证书			
自我评价			
本人性格开朗、稳重、有活力、待人热情、真诚。工作认真负责,积极主动,能吃苦耐劳。有较强的组织能力、实际动手能力和团体协作精神,能迅速地适应各种环境,并融入其中。我不是最优秀的,但我是最用功的;我不是太显眼,但我很踏实;希望我的努力可以让您满意。			

图 6.16 "简历表"样张

3. 将如图 6.17 所示的文本转换成表格,并完成如下操作:

	星期一	星期二	星期三	星期四	星期五
上午	语文	数学	计算机基础	语文	基础会计
	计算机基础	英语	基础会计	心理健康	英语
下午	体育	基础会计	数学	自习	法律

图 6.17   文本

(1) 合并第 1 列 2、3 行单元格。

(2) 设置单元格对齐方式为"水平居中"。

(3) 设置表格外边框为 2.25 磅单实线,内边框为 1 磅单实线。

(4) 将表格第 1 行和第 1 列的单元格填充为"白色,背景 1,深色 15%"的底纹。

(5) 设置斜线表头,输入内容"课程""星期"。

(6) 给表格加上标题"课程表",并设置为"黑体""二号""居中"。

项目小结

本项目通过"学生基本情况登记表""乐团报名表""成绩单""简历表"等表格的制作,使读者学会表格的创建、单元格的合并与拆分、表格内文本的对齐与文字方向的设置、表格边框线的设置等的方法。读者在学会项目案例制作的同时,能够将所学内容活学活用到实际工作和生活中。

项目七

学生成绩统计表的制作

 **项目简介**

日常生活中会有很多地方用到表格,项目六已经向读者介绍了几种常用的表格。在 Word 表格中还可进行公式运算、排序等数据操作,本项目着重介绍这些功能。如图 7.1 所示就是利用 Word 软件制作出的学生成绩统计表,并实现总分和平均分的计算,以及按总分降序进行排序操作。

学生成绩统计表

学号	姓名	VB 程序设计	网络技术	经济数学	体育	英语	总分
10	李明	98	91	67	96	72	424
02	权微	84	80	76	97	73	410
06	朱玲	85	85	60	84	90	404
01	黄一心	83	78	73	89	75	398
09	李曼莉	81	82	74	90	71	398
03	王梦	85	72	80	95	61	393
08	王恺	80	79	60	86	72	377
07	王一文	67	80	69	83	63	362
05	张瑜	77	73	68	78	61	357
04	张山	61	64	71	73	70	339
平均分		80.1	78.4	69.8	87.1	70.8	

图 7.1 "学生成绩统计表"样张

 **知识点导入**

1. 利用公式计算:执行【表格工具—布局】→【数据】→【公式】命令。
2. 利用常用函数计算:SUM( )、AVERAGE( )。
3. 对数据进行排序:选取相关数据,执行【表格工具—布局】→【数据】→【排序】

命令。

　　4. 插入数据图表:执行【插入】→【插图】→【图表】命令。

解决方案

▶▶ **任务1　新建文档**

1. 启动 Word 2016,新建空白文档。

2. 设置文档的纸张大小为 A4,纸张方向为纵向,上、下、左、右页边距均为"2.5 厘米"。

3. 将新建的文档保存在桌面上,文件名为"学生成绩统计表"。

4. 输入表格标题"学生成绩统计表",并设置文本格式为"二号""黑体""居中"。

▶▶ **任务2　插入、编辑表格**

1. 插入表格。

(1) 执行【插入】→【表格】→【插入表格】命令,打开"插入表格"对话框。

(2) 设置"列数"为"8","行数"为"12",如图 7.2 所示。

图 7.2　"插入表格"对话框

(3) 单击"确定"按钮,创建出简单表格。

2. 输入文本内容。

对照图 7.3 输入文本内容,设置文本对齐方式为"中部居中"。

学生成绩统计表

学号	姓名	VB 程序设计	网络技术	经济数学	体育	英语	总分
01	黄一心	83	78	73	89	75	
02	权微	84	80	76	97	73	
03	王梦	85	72	80	95	61	
04	张山	61	64	71	73	70	
05	张瑜	77	73	68	78	61	
06	朱玲	85	85	60	84	90	
07	王一文	67	80	69	83	63	
08	王恺	80	79	60	86	72	
09	李曼莉	81	82	74	90	71	
10	李明	98	91	67	96	72	
平均分							

图 7.3　输入文本后的表格

3. 设置表格的边框线。

选中整张表格,执行【表格工具—设计】→【边框】→【边框】命令,在下拉列表中选择"边框和底纹"命令,在弹出的如图 7.4 所示的对话框中选择"设置"中的"自定义"。在"样式"列表中选择线型"━━━━━━━━",单击"预览"中的上、下、左、右四条边框。

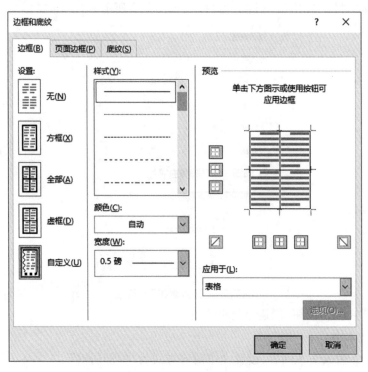

图 7.4　"边框和底纹"对话框

技能加油站

设置表格中某条内框线时,可以选择需要设置线型的一行或一列,执行【表格工具—设计】→【边框】→【边框】命令,在下拉列表中选择"边框和底纹"命令,在弹出的对话框中选择"设置"中的"自定义"。在"样式"列表中选择线型,在"预览"框中设置相应的边框线。

设置边框线后的表格如图7.5所示。

学生成绩统计表

学号	姓名	VB 程序设计	网络技术	经济数学	体育	英语	总分
01	黄一心	83	78	73	89	75	
02	权微	84	80	76	97	73	
03	王梦	85	72	80	95	61	
04	张山	61	64	71	73	70	
05	张瑜	77	73	68	78	61	
06	朱玲	85	85	60	84	90	
07	王一文	67	80	69	83	63	
08	王恺	80	79	60	86	72	
09	李曼莉	81	82	74	90	71	
10	李明	98	91	67	96	72	
平均分							

图7.5 设置边框线后的表格

▶▶ **任务3 计算成绩**

1. 计算总分。

(1)将插入点置于"总分"下面的单元格中,执行【表格工具—布局】→【数据】→【公式】命令,如图7.6所示,打开"公式"对话框,如图7.7所示。

图7.6 "数据"选项组

图7.7 "公式"对话框

技能加油站

常用函数:SUM( )表示返回一组数的和;AVERAGE( )表示返回一组数的平均值;MAX( )表示返回一组数中的最大值;MIN( )表示返回一组数中的最小值。

(2)公式栏中默认显示为"=SUM(LEFT)",单击"确定"按钮,即计算出第一位同学的总成绩。

技能加油站

在公式中默认会出现"LEFT"或"ABOVE",它们分别表示对公式域所在单元格的左侧连续单元格和上面连续单元格内的数据进行计算。

(3)依次将插入点放置在要显示总分的单元格内,利用上述公式对各位同学的成绩进行求和运算。

计算完成后的表格如图7.8所示。

学生成绩统计表

学号	姓名	VB程序设计	网络技术	经济数学	体育	英语	总分
01	黄一心	83	78	73	89	75	398
02	权微	84	80	76	97	73	410
03	王梦	85	72	80	95	61	393
04	张山	61	64	71	73	70	339
05	张瑜	77	73	68	78	61	357
06	朱玲	85	85	60	84	90	404
07	王一文	67	80	69	83	63	362
08	王恺	80	79	60	86	72	377
09	李曼莉	81	82	74	90	71	398
10	李明	98	91	67	96	72	424
平均分							

图7.8 计算"总分"后的表格

技能加油站

Word 表格中单元格的命名是由单元格所在的列和行序号组合而成的。列号在前,行号在后。如第3列第2行的单元格名为c2,其中字母大小写通用,使用方法与 Excel 中相同。

2. 计算平均分。

（1）将插入点置于"平均分"右侧的单元格中,执行【表格工具—布局】→【数据】→【公式】命令,弹出"公式"对话框。删除系统默认的公式,在"粘贴函数"列表中选择"AVERAGE",并在公式编辑栏中将公式修改为"=AVERAGE(ABOVE)",在"编号格式"框中输入"0.0",单击"确定"按钮。

（2）用上述方法,依次计算其余各科的平均分。

计算完成后的表格如图7.9所示。

学生成绩统计表

学号	姓名	VB程序设计	网络技术	经济数学	体育	英语	总分
01	黄一心	83	78	73	89	75	398
02	权微	84	80	76	97	73	410
03	王梦	85	72	80	95	61	393
04	张山	61	64	71	73	70	339
05	张瑜	77	73	68	78	61	357
06	朱玲	85	85	60	84	90	404
07	王一文	67	80	69	83	63	362
08	王恺	80	79	60	86	72	377
09	李曼莉	81	82	74	90	71	398
10	李明	98	91	67	96	72	424
平均分		80.1	78.4	69.8	87.1	70.8	

图7.9　计算"平均分"后的表格

 技能加油站

在"公式"对话框的"编号格式"框中可以选择或自定义数字格式,此例中定义为"0.0",表示保留小数点后一位小数。

3. 成绩排序。

选择除"平均分"行外的所有数据内容,执行【表格工具—布局】→【数据】→【排序】命令,在弹出的对话框中,设置"列表"为"有标题行","主要关键字"为"总分",类型为"数字",选中"降序"单选按钮,如图7.10所示,单击"确定"按钮。

图 7.10　"排序"对话框

 技能加油站

　　在对数据进行排序时,不应只选排序关键字列或行,而应该将与之有关联的相关数据全部选中,否则表内数据排序时会错乱。

拓展项目

　　根据学生成绩统计表,制作出如图 7.11 所示的学生成绩统计图。

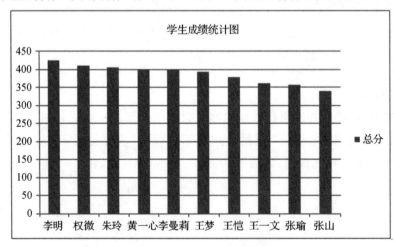

图 7.11　"学生成绩统计图"样张

具体操作步骤如下:

1. 将插入点定位在表格的下方。

2. 执行【插入】→【插图】→【图表】命令,弹出如图 7.12 所示的对话框。

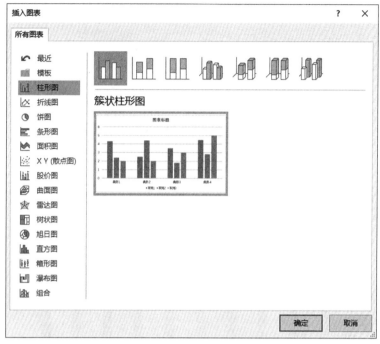

图 7.12　"插入图表"对话框

3. 选择"柱形图"中的"簇状柱形图"后单击"确定"按钮,会自动启动与图表相关联的 Excel 数据表,如图 7.13 所示。

▲	A	B	C	D	E	F	G	H
1		系列 1	系列 2	系列 3				
2	类别 1	4.3	2.4	2				
3	类别 2	2.5	4.4	2				
4	类别 3	3.5	1.8	3				
5	类别 4	4.5	2.8	5				
6								
7								
8								

图 7.13　与表格关联的 Excel 工作表

4. 复制 Word 表格中"姓名"和"总分"两列的数据,分别粘贴到 Excel 工作表中,如图7.14 所示。

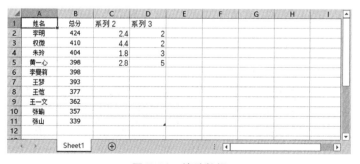

图 7.14　粘贴数据

5. 拖曳数据区域右下角的控制点,调整数据区域的大小,调整后的数据区域如图 7.15 所示。

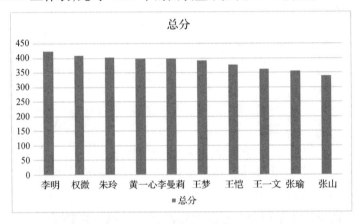

图 7.15　调整数据区域大小

6. 关闭 Excel 工作表,此时 Word 中的图表显示如图 7.16 所示。

图 7.16　建立的图表

7. 单击图表的标题,将其修改为"学生成绩统计图"。

 技能加油站

　　如需对图表坐标轴、图例、数据标签等项进行编辑,可以执行【图表工具—设计】→【图表布局】→【添加图表元素】命令。

 **课后练习**

1. 制作销售表,效果如图 7.17 所示。

销　售　表 (单位: 万元)				
商品	第一季度	第二季度	第三季度	第四季度	年度总和
电视机	1000	1200	1400	1600	
收音机	600	700	800	900	
洗衣机	500	520	540	560	
季度总和					

图 7.17　"销售表"样张

对制作好的销售表完成以下操作：

（1）利用公式计算出年度总和与季度总和。

（2）按照年度总和升序的顺序排序。

（3）利用上面的表格制作如图7.18所示的图表。

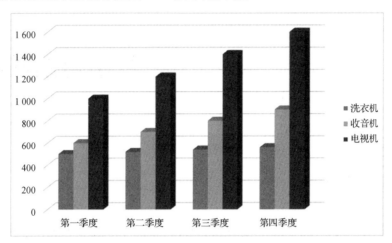

图7.18 "销售图"样张

2. 制作成绩表，效果如图7.19所示。

姓名	语文	数学	英语	思想政治
黄立行	98	87	67	88
李萌	87	78	74	79
周成	89	68	65	90
王芯瑶	95	90	89	94
刘梦	87	95	90	95
程萍	93	81	66	78

图7.19 "成绩表"样张

根据要求进行如下操作：

（1）在"思想政治"列后插入一列"总分"，"程萍"行下插入一行"最高分"。

（2）分别计算"总分"和"最高分"。

（3）将成绩按"总分"从高到低进行排序。

（4）自动套用表格样式"清单表1浅色-着色1"，表格内所有数据对齐方式为"水平居中"。

 项目小结

本项目通过"学生成绩统计表""学生成绩统计图""销售图""成绩表"等表格的制作，使读者学会表格中的公式计算、数据排序以及根据数据制作图表等的方法。读者在学会项目案例制作的同时，能够将所学知识活学活用到实际工作和生活中。

项目八

数学习题的编辑

项目简介

在日常学习中,我们经常会碰到一些数学公式,这些公式是如何进行录入的呢?答案非常简单,利用 Word 软件中的公式编辑器。它的用途非常广泛,功能非常强大,能够帮助我们快速录入各种公式。如图 8.1 所示的数学习题中的各种公式就是利用 Word 软件中的公式编辑器录入的。

数学习题(一)

1. 填空

(1) 部分和数 $\{S_n\}$ 有界是正项级数收敛的_____条件;

(2) 函数 $z = f(x, y)$ 的两个二阶混合偏导数 $\frac{\partial^2 z}{\partial x \partial y}$ 及 $\frac{\partial^2 z}{\partial y \partial x}$ 在区域 D 内连续是这两个二阶混合偏导数在 D 内相等的_____条件。

2. 求函数 $f(x, y) = \frac{\sqrt{4x - y^2}}{\ln(1 - x^2 - y^2)}$ 的定义域,并求 $\lim\limits_{\substack{x \to \frac{1}{2} \\ y \to 0}} f(x, y)$。

3. 设

$$f(x, y) = \begin{cases} \dfrac{x^2}{x^2 + y^2}, & x^2 + y^2 \neq 0, \\ 0, & x^2 + y^2 = 0. \end{cases}$$

求 $f_x(x, y)$ 及 $f_y(x, y)$。

图 8.1　"数学习题"样张

知识点导入

1. 录入公式:执行【插入】→【符号】→【公式】命令,在下拉列表中选择"插入新公式"命令。

2. 选择公式模板:执行【公式工具—设计】→【结构】命令。

3. 插入公式中的特殊字符:执行【公式工具—设计】→【符号】命令。

4. 绘制几何图形:执行【插入】→【插图】→【形状】命令。

解决方案

▶▶ **任务1　新建文档**

1. 启动 Word 2016,新建空白文档。

2. 设置文档的纸张大小为"A4",纸张方向为"纵向",上、下、左、右页边距均为"2.5 厘米"。

3. 将新建的文档保存在桌面上,文件名为"数学习题"。

▶▶ **任务2　编辑习题内容**

1. 输入文本。

(1) 输入标题"数学习题(一)"。

(2) 输入正文部分的文本内容"1.填空……",如图8.2所示。

> 数学习题(一)↵
> 1. 填空↵
> (1)部分和数有界是正项级数收敛的　　　　条件;↵
> (2)函数的两个二阶混合偏导数及在区域 *D* 内连续是这两个二阶混合偏导数在 *D* 内相等的条件。↵
> 2. 求函数的定义域,并求。↵
> 3. 设↵
> ↵
> 求及。↵

图 8.2　录入文本

2. 编辑公式。

(1) 编辑第1题中第(1)题的公式。

① 将插入点定位在"(1)部分和数"的后面,执行【插入】→【符号】→【公式】命令,在下拉列表中选择"插入新公式",如图8.3所示。

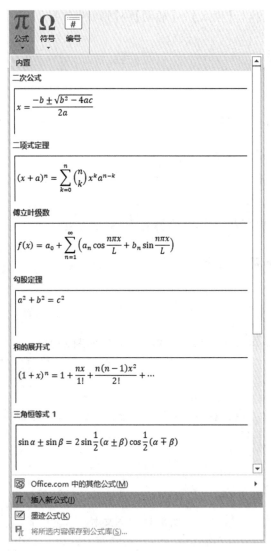

图 8.3　插入新公式

 技能加油站

　　在 Word 2016 中,将一些常用的数学公式作为内置公式保存在模板中,如二次公式、勾股定理、傅立叶级数等,当录入这些公式时,可以直接插入,无须编辑。

　　② 执行【公式工具—设计】→【结构】→【括号】命令,在下拉列表中选择"方括号"中的第三种,如图 8.4 所示。

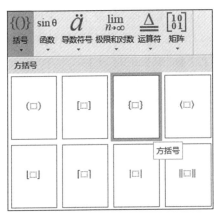

图 8.4　括号模板

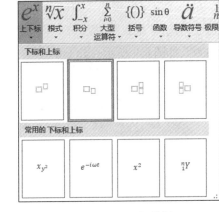

图 8.5　上下标模板

③ 将插入点放在花括号里,再选择"上下标"中的"下标"(图 8.5),此时公式编辑框变成了如图 8.6 所示的样式。

④ 此时在编辑框内输入"S"和"n"即可。

图 8.6　公式编辑框

(2) 编辑第 1 题中第(2)题的公式。

① 将插入点定位在"(2)函数"的后面,执行【插入】→【符号】→【公式】命令,在下拉列表中选择"插入新公式",在公式编辑框里直接输入"$z = f(x, y)$"。

② 将插入点定位在"偏导数"后面,执行【插入】→【符号】→【公式】命令,在下拉列表中选择"插入新公式",在公式编辑框里再执行【公式工具—设计】→【结构】→【分数】命令,在下拉列表中选择"分数(竖式)"。其中"x^2"需要设置为"上标","∂"可通过执行【公式工具—设计】→【符号】→【∂】命令来插入,如图 8.7 所示。

图 8.7　插入符号

 技能加油站

使用"上下标"模板编辑公式时,在上、下标字符后再录入其他字符,需要注意插入点的位置,如果直接输入会仍旧延续上、下标的格式。按一下向右的方向键将插入点后移可避免此问题。

(3) 编辑第 2 题的公式。

① 将插入点定位在"2.求函数"的后面,执行【插入】→【符号】→【公式】命令,在下拉列表中选择"插入新公式"。

② 在公式编辑框里输入"f(x,y) =",后面的部分首先选择"分数"模板中的"分数(竖式)",分子再选择"根式"模板中的"平方根",如图8.8所示。分母选择"极限和对数"模板中的"自然对数",如图8.9所示。分子和分母中要用到"上下标"模板中的"上标"。

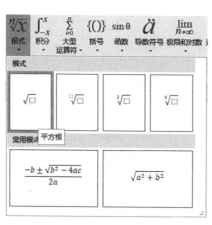

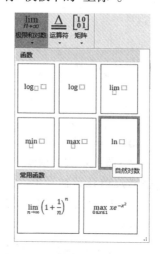

图8.8 "根式"模板   图8.9 "极限和对数"模板

③ 将插入点定位在"并求"的后面,执行【插入】→【符号】→【公式】命令,在下拉列表中选择"插入新公式",选择"极限和对数"模板中的"极限",依次录入字符。其中还需要用到"分数"模板,"→"可通过执行【公式工具—设计】→【符号】→【→】命令来插入。

(4) 编辑第3题的公式。

① 将插入点定位在"设"的下一行,执行【插入】→【符号】→【公式】命令,在下拉列表中选择"插入新公式"。

② 在公式编辑框里输入"f(x,y) =",后面的部分首先选择"括号"模板中的"单方括号",如图8.10所示。选中花括号后面的 ▨▨▨,再选择"矩阵"模板中的"2×2 空矩阵",如图8.11所示,对应输入四个部分的内容。在这个公式中还要用到"分数(竖式)"和"上标"模板,公式中的"≠"可通过执行【公式工具—设计】→【符号】→【≠】命令来插入。

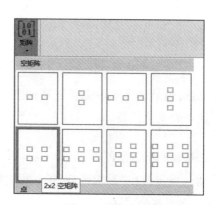

图8.10 "括号"模板   图8.11 "矩阵"模板

③ 将插入点定位在"求"和后面位置,执行【插入】→【符号】→【公式】命令,在下拉列表中选择"插入新公式",应用"下标"模板插入"$f_x(x,y)$",用同样的方法插入"$f_y(x,y)$"。

▶▶ **任务3　文档排版**

1. 设置标题格式。

选中标题"数学习题(一)",设置为"黑体""小三号""居中"。

2. 设置下划线。

分别选中两处空格,执行【开始】→【字体】→【下划线】命令,如图 8.12 所示。

3. 设置段落格式。

选择除标题和第 3 题公式外的内容,执行【开始】→【段落】命令,在弹出的如图 8.13 所示的对话框中设置"特殊格式"为"首行缩进","缩进值"为"2 字符"。

图 8.12　下划线

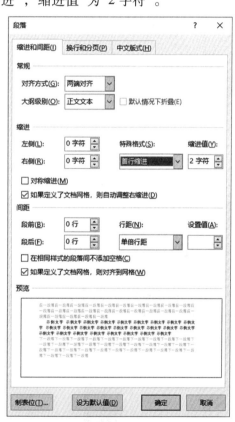

图 8.13　"段落"对话框

 技能加油站

对于不连续显示但要设置相同格式的文本,可以使用格式刷。如果多处需要使用格式刷,可以双击格式刷,操作完成后,再单击格式刷关掉。

拓展项目

制作如图 8.14 所示的几何习题。

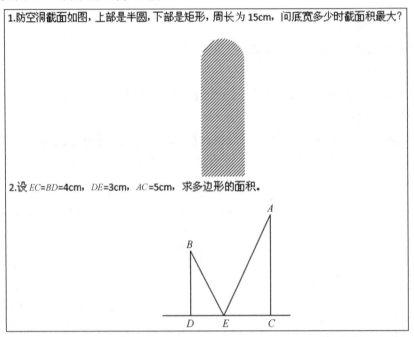

图 8.14   "几何习题"样张

具体操作步骤如下：

1. 录入文字内容。

2. 执行【插入】→【插图】→【形状】命令，选择"矩形"，并绘制一个矩形，如图 8.15 所示。

3. 选中绘制好的矩形，在【绘图工具—格式】→【大小】中修改矩形的高度和宽度分别为"4 厘米"和"1.5 厘米"，如图 8.16 所示。

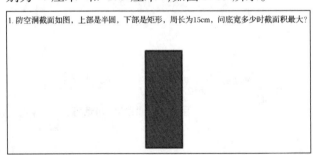

图 8.15   绘制矩形

图 8.16   设置矩形大小

4. 在矩形上单击鼠标右键，在弹出的快捷菜单中选择"设置形状格式"命令，在文档窗口右侧的任务窗格中选择"填充"，设置"填充"为"图案填充"的"浅色上对角线"，"前景"为"黑色，文字1"，如图 8.17 所示。

5. 设置"线条"为"无线条",如图 8.18 所示。

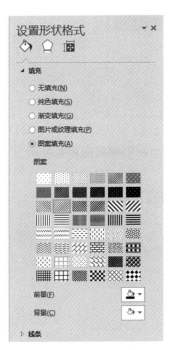

图 8.17 设置图案填充

图 8.18 设置线条

6. 执行【插入】→【插图】→【形状】命令,选择"基本形状"中的"饼形",并绘制一个饼形,如图 8.19 所示。

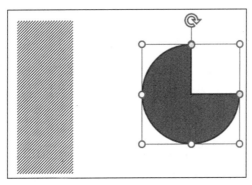

图 8.19 绘制饼形

7. 拖动饼形的两个黄色控制点,将饼形调整为半圆形,如图 8.20 所示。

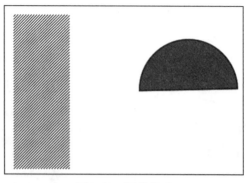

图 8.20　调整图形

8. 用格式制调整半圆形的线条和填充样式,并设置半圆形的高度和宽度均为"1.5 厘米",将半圆形移动到矩形的上方,如图 8.21 所示。

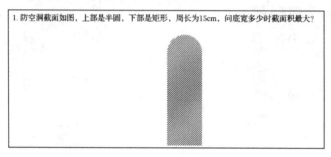

1.防空洞截面如图,上部是半圆,下部是矩形,周长为15cm,问底宽多少时截面积最大?

图 8.21　移动图形

9. 选择矩形,按住【Shift】键,再选择半圆形,单击鼠标右键,执行【组合】→【组合】命令,将两个形状组合成一个对象。

技能加油站

将多个图形组合在一起后,方便统一移动与调整大小。如果想分解组合后的图形对象,可以单击鼠标右键,执行快捷菜单中的【组合】→【取消组合】命令,将组合对象再分解开来。

10. 录入第 2 题的文本内容后,依次执行【插入】→【插图】→【形状】命令,选择"直线",并绘制五条直线,如图 8.22 所示。

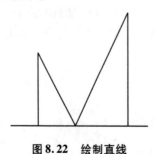

图 8.22　绘制直线

技能加油站

按住【Shift】键绘制直线,可以绘制出水平直线、垂直直线、45°直线。

11. 按住【Shift】键,选择所有直线,在右键快捷菜单中选择"设置形状格式",将线条颜色改为"黑色,文字 1"。

12. 执行【插入】→【文本】→【文本框】命令,在下拉列表中选择"绘制文本框",在相应的位置绘制五个文本框,并设置文本框的"填充"为"无填充","线条"为"无线条"。

13. 按住【Shift】键,依次选择所有直线和文本框,在右键快捷菜单中执行【组合】→【组合】命令,将所有对象组合在一起,如图 8.23 所示。

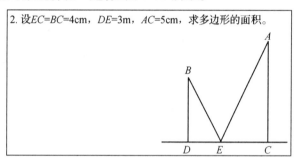

图 8.23　组合图形

 课后练习

1. 新建文档,录入如图 8.24 所示的数学公式。

$$\begin{cases} \dfrac{\mathrm{d}x}{\mathrm{d}t} + 3x - y = 0, & x \big|_{t=0} = 1, \\ \dfrac{\mathrm{d}y}{\mathrm{d}t} - 8x + y = 0, & y \big|_{t=0} = 0; \end{cases}$$

$$\sum_{n=1}^{\infty} \frac{1}{n^n \sqrt{n}};$$

$$\iiint\limits_{\Omega} (x^2 + y^2 + z^2)\,\mathrm{d}v.$$

图 8.24　"数学公式"样张

2. 新建文档,绘制如图 8.25 所示的几何图形。

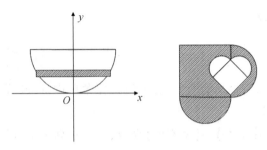

图 8.25　"几何图形"样张

 项目小结

　　本项目通过编辑"数学习题"和"几何习题"以及课后练习等,使读者学会在 Word 中对数学公式、几何图形进行编辑。读者在学会项目案例制作的同时,能够将所学知识活学活用到实际工作和生活中。

项目九

成绩报告单的制作

项目简介

每学期的期末,班主任会给各位同学邮寄成绩报告单,这些成绩报告单,我们可以使用 Word 来制作完成。在 Word 中,邮件合并可用于一次创建多个文档。这些文档具有相同的布局、格式、文本和图形,如批量标签、信函、信封和电子邮件。邮件合并过程中包含三个文档:主文档、数据源、合并的文档。如图 9.1 所示即为合并完成后的成绩报告单。

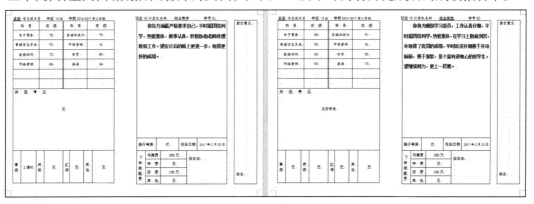

图 9.1 "成绩报告单"样张

知识点导入

利用"邮件合并向导"来完成邮件合并的制作:首先建立需要进行邮件合并的主文档和数据源文件,依次执行【邮件】→【开始邮件合并】→【开始邮件合并】命令,在下拉列表中选择"邮件合并分步向导",启动"邮件合并"任务窗格,在此向导中,分别完成主文档与数据源的连接、在主文档中插入域,直至邮件合并完成。

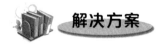

解决方案

▶▶ 任务1 新建成绩单

新建文档,创建如图9.2所示的表格,保存为“成绩报告单”。本例中所使用的成绩报告单在项目六的课后练习中已经制作完成,可以输入相应的文本后直接使用。编辑好的成绩单作为主文档,素材包里的“成绩信息.xlsx”(图9.3)作为数据源来制作最终的成绩报告单。

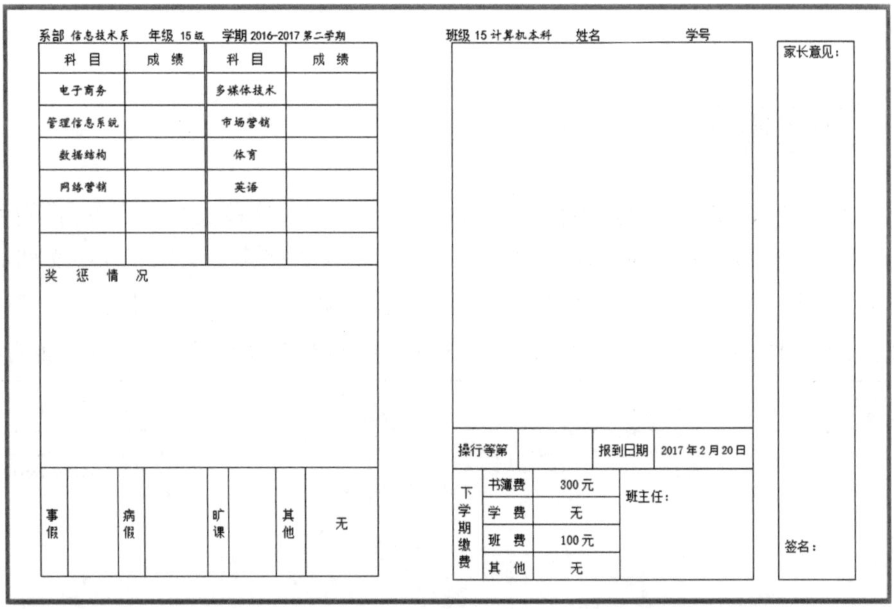
系部 信息技术系 年级 15级 学期 2016-2017 第二学期 班级 15计算机本科 姓名 学号

科目	成绩	科目	成绩
电子商务		多媒体技术	
管理信息系统		市场营销	
数据结构		体育	
网络营销		英语	

奖惩情况

事假		病假		旷课		其他	无

操行等第		报到日期	2017年2月20日

下学期缴费	书簿费	300元	班主任:
	学费	无	
	班费	100元	
	其他	无	

家长意见:

签名:

图9.2 创建表格

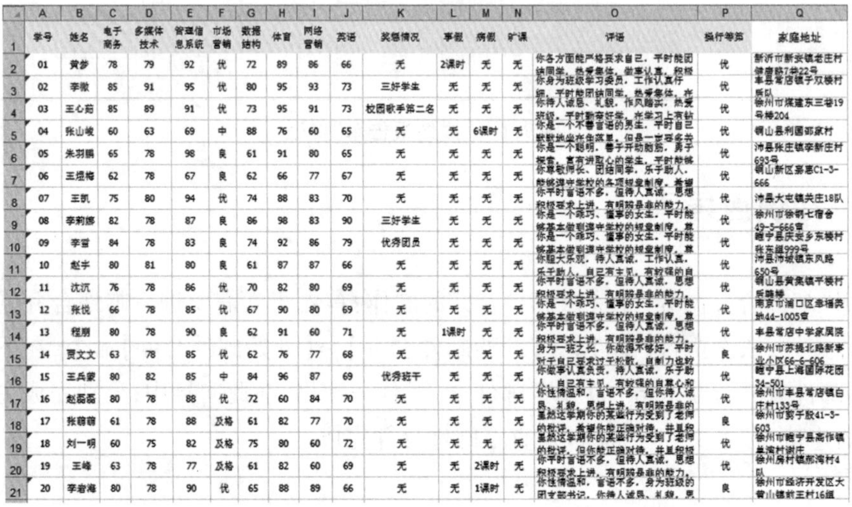

	A	B	C	D	E	F	G	H	I	J	K	L	M	N	O	P	Q
1	学号	姓名	电子商务	多媒体技术	管理信息系统	市场营销	数据结构	体育	网络营销	英语	奖惩情况	事假	病假	旷课	评语	操行等第	家庭地址
2	01	黄梦	78	79	92	优	72	89	86	66	无	2课时	无	无	你各方面能严格要求自己,平时能团结同学,热爱集体,做事认真,积极	优	新沂市新安镇老庄村健康路7栋22号
3	02	李薇	85	91	95	优	80	95	93	73	三好学生	无	无	无	你身为班级学习委员,工作认真仔细,平时能团结同学,热爱集体,在	优	丰县常店镇子双楼村乐队
4	03	王心茹	85	89	91	优	73	95	91	73	校园歌手第二名	无	无	无	你待人诚恳、礼貌,作风踏实,热爱班级,平时勤奋好学,在学习上有钻	优	徐州市煤建东三巷19号楼204
5	04	张山峻	60	63	69	中	88	76	60	65	无	无	6课时	无	你是一个不善言语的男生,平时自己默默地坐在角落里,但是一定要多关	优	铜山县利国邵家村
6	05	朱羽鹏	65	78	98	良	61	91	80	65	无	无	无	无	你是一个聪明,善于开动脑筋,勇于探索,富有进取心的学生,平时能够	优	沛县张庄镇李新庄村693号
7	06	王煜梅	62	78	67	良	62	66	77	67	无	无	无	无	你尊敬师长,团结同学,乐于助人,能够遵守学校的各项规章制度,希望	优	铜山新区豪惠C1-3-666
8	07	王凯	75	80	94	优	74	88	83	70	无	无	无	无	你平时言语不多,但待人真诚,思想积极要求上进,有明辨是非的能力,	优	沛县大屯镇关庄18队
9	08	李莉娜	82	78	87	良	86	98	83	90	三好学生	无	无	无	你是一个乖巧、懂事的女生,平时能够基本做到遵守学校的规章制度,兼	优	徐州市徐钢七宿舍49-5-666室
10	09	李雪	84	78	83	良	74	92	86	79	优秀团员	无	无	无	你是一个乖巧、懂事的女生,平时能够基本做到遵守学校的规章制度,兼	优	睢宁县庆安乡东楼村张东组999号
11	10	赵宇	80	81	80	良	61	87	87	66	无	无	无	无	你能大乐观,待人真诚,工作认真,乐于助人,自己有主见,有较强的自	优	沛县沛城镇东风路650号
12	11	沈沉	76	78	86	优	70	82	80	69	无	无	无	无	你平时言语不多,但待人真诚,思想积极要求上进,有明辨是非的能力,	优	铜山县黄集镇平楼村乐畴楼
13	12	张悦	66	78	85	优	67	90	80	69	无	无	无	无	你是一个乖巧、懂事的女生,平时能够基本做到遵守学校的规章制度,兼	优	南京市浦口区幸福奥体44-1005室
14	13	程朋	80	78	90	良	62	91	60	71	无	1课时	无	无	你平时言语不多,但待人真诚,思想积极要求上进,有明辨是非的能力,	优	丰县常店中学家属院
15	14	贾文文	63	78	85	优	62	76	77	68	无	无	无	无	身为一班之长,你做得不够好,平时对于自己要求过于松散,自制力也较	良	徐州市苏堤北路新事业小区66-6-606
16	15	王兵蒙	80	82	85	中	84	96	87	69	优秀班干	无	无	无	你做事认真负责,待人真诚,乐于助人,自己有主见,有较强的自尊心和	优	睢宁县上海国际花园34-501
17	16	赵磊磊	80	78	88	优	72	60	84	70	无	无	无	无	你性情温和,言语不多,但你待人诚恳、礼貌,思想上进,有明辨是非的	优	徐州市丰县常店镇白庄村133号
18	17	张萌萌	61	78	88	及格	61	82	77	70	无	无	无	无	虽然这学期你的某些行为受到了老师的批评,希望你能正确对待,并且积	良	徐州市郭子殿41-3-603
19	18	刘一明	60	75	82	及格	75	80	60	72	无	无	无	无	虽然这学期你的某些行为受到了老师的批评,但你能正确对待,并且积极	优	徐州市睢宁县高作镇单湾村谢庄
20	19	王峰	63	78	77	及格	61	82	60	69	无	无	2课时	无	你平时言语不多,但待人真诚,思想积极要求上进,有明辨是非的能力,	优	徐州房村镇郝湾村4队
21	20	李岩海	80	78	90	优	65	88	89	66	无	无	1课时	无	你性情温和,言语不多,身为班级的团支部书记,你待人诚恳、礼貌,思	良	徐州市经济开发区大黄山镇前王村16组

图9.3 成绩信息

▶▶ **任务2 连接主文档与数据源文件**

1. 主文档必须和数据源文件进行连接才能实现邮件合并的功能,执行【邮件】→【开始邮件合并】→【开始邮件合并】命令,在下拉列表中选择"邮件合并分步向导",如图9.4所示。

2. 在 Word 窗口右侧打开的"邮件合并"任务窗格中,依次执行【信函】→【使用当前文档】→【使用现有列表】→【浏览】命令,如图9.5所示。

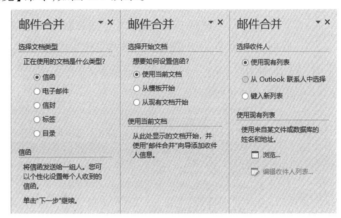

图9.4 选择"邮件合并分步向导"　　　　**图9.5 邮件合并分步向导**

3. 在打开的如图9.6所示的"选取数据源"对话框中,选择"成绩信息.xlsx"文件,单击"打开"按钮。

图9.6 "选取数据源"对话框

4. 在打开的如图9.7所示的"选择表格"对话框中选择"Sheet1$",单击"确定"按钮。

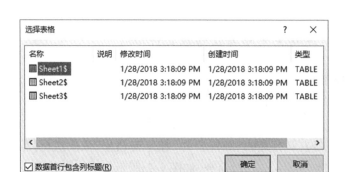

图9.7　"选择表格"对话框

5. 此时,在"邮件合并收件人"对话框中会显示数据表内的记录信息,如图9.8 所示,单击"确定"按钮。

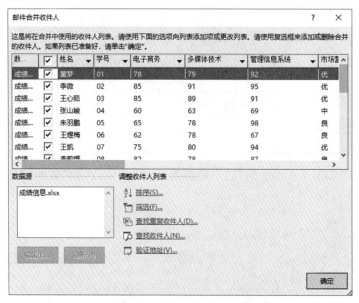

图9.8　"邮件合并收件人"对话框

 技能加油站

　　如果想更改与主文档连接的数据源,可以在"选择收件人"这一步中单击"选择另外的列表";如果只需用数据源中的部分数据信息,可以单击"编辑收件人列表",在"邮件合并收件人"对话框中,筛选或勾选需要的数据信息。

▶▶ **任务3　在主文档中插入域**

　　1. 选取数据源后,在邮件合并的第 3 步继续单击"下一步:撰写信函"。
　　2. 撰写信函时,将插入点定位在成绩的下面,选择"其他项目",打开"插入合并域"对话框,如图9.9 所示。

图 9.9　"插入合并域"对话框

3. 在打开的对话框中,将各个域插入对应的位置,如图 9.10 所示。

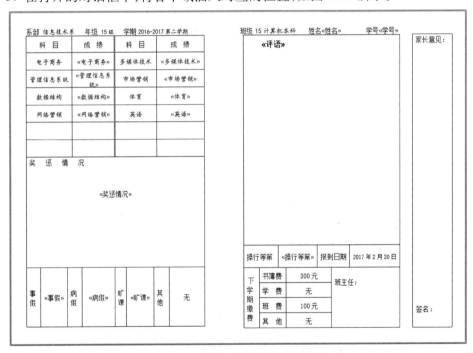

图 9.10　插入域后的成绩报告单

 技能加油站

　　将数据源中的各个域插入到主文档中的对应位置后,如需进行文本格式的设置,可选择对应的域,直接进行格式的设置。

▶▶ 任务4　预览信函

1. 将各个域插入完成后,继续执行【下一步:预览信函】命令,此时显示数据源中第一位学生的成绩单,如图9.11所示。

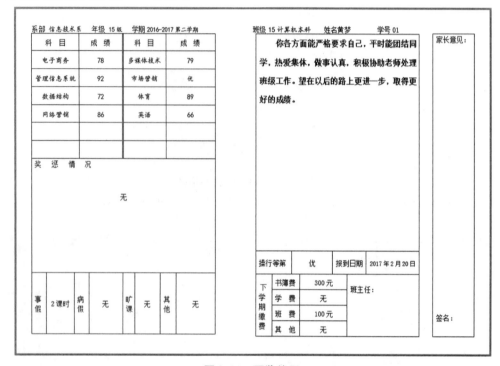

图9.11　预览信函

2. 如想浏览其他人的成绩单,可在如图9.12所示的【邮件】→【预览结果】中单击下一条记录按钮,也可以在如图9.13所示的向导中单击下一条记录按钮。

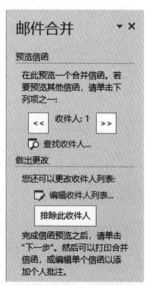

图9.12　预览结果　　　　　　**图9.13　预览信函**

技能加油站

　　在邮件合并时,预览信函中的每一条记录,查看数据记录合并后的效果,如需要编辑可再重新设置。

　　3. 预览信函,不需要修改后,依次单击"下一步:完成合并""下一步:编辑单个信函"按钮,在弹出的"合并到新文档"对话框(图9.14)中,选择"全部"单选按钮,并单击"确定"按钮。

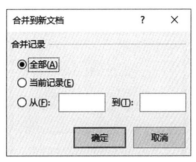

图9.14　"合并到新文档"对话框

　　4. 此时,会打开名为"信函1"的文档,里面包含所有学生的成绩单信息,如图9.15所示。

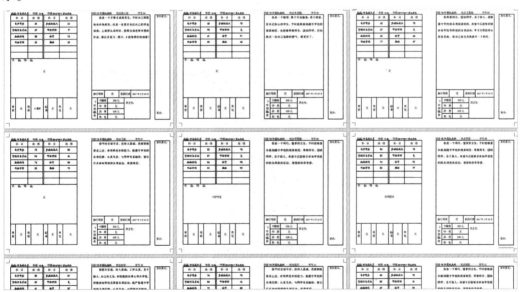

图9.15　信函1

　　5. 将"信函1"保存为"合并后成绩单"。

拓展项目

根据"成绩信息. xlsx",为成绩报告单制作如图 9.16 所示的信封。

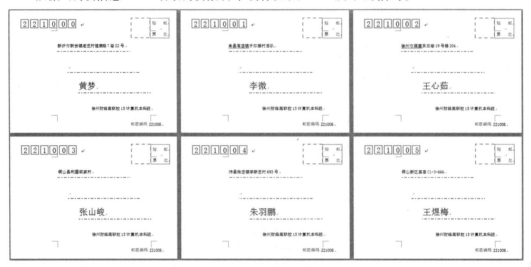

图9.16 "信封"样张

具体操作步骤如下:

1. 在新建的 Word 文档中,执行【邮件】→【创建】→【中文信封】命令,如图 9.17 所示。

2. 在打开的如图 9.18 所示的"信封制作向导"对话框中,单击"下一步"按钮。

图9.17 【中文信封】命令

图9.18 信封制作向导

3. 在如图 9.19 所示的"选择信封样式"这一步中,选择所需的信封样式,并单击"下一步"按钮。

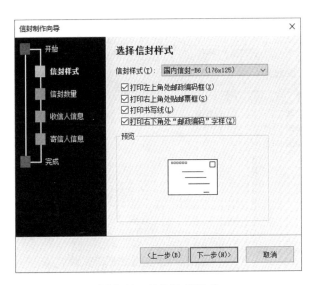

图9.19 选择信封样式

4. 在如图9.20所示的"选择生成信封的方式和数量"这一步中,选择"基于地址簿文件,生成批量信封",并单击"下一步"按钮。

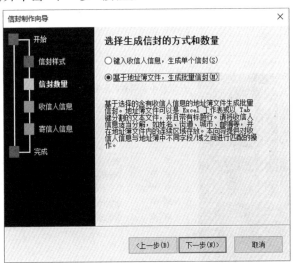

图9.20 选择生成信封的方式和数量

5. 在"从文件中获取并匹配收信人信息"这一步中,单击"选择地址簿"按钮,在打开的如图9.21所示的对话框中选取数据源"成绩信息.xlsx"文件。

图 9.21　选择地址簿

　　6. 连接好数据源后,在"匹配收信人信息"栏中,匹配地址簿中的对应项,匹配完成后如图 9.22 所示。

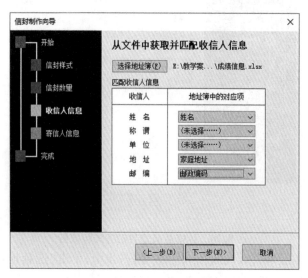

图 9.22　匹配收信人信息

　　7. 单击"下一步"按钮,在"输入寄信人信息"这一步中,输入寄信人的相关信息,如图 9.23 所示。

图 9.23　输入寄信人信息

8. 依次单击"下一步""完成"按钮，会自动启动完成后的文档。

9. 将该文档以"信封"为名保存，至此成绩报告单信封的制作完成。

 课后练习

利用项目三制作的请柬和素材包中的"通讯簿.xlsx"，制作如图 9.24 所示的请柬和图 9.25 所示的请柬信封。

图 9.24　"请柬"样张

图 9.25 "请柬信封"样张

项目小结

　　本项目通过制作"成绩报告单""信封""请柬""请柬信封"等,使读者学会如何减少工作量,利用邮件合并功能处理主要内容、格式都相同的批量文档、信件等的方法。读者在学会项目案例制作的同时,能够将所学知识活学活用到实际工作和生活中。

项目十

员工基本信息表的制作

 项目简介

　　无论是企业还是事业单位,都需要对自己的员工信息进行统一的管理,将员工的基本情况整理并建立员工的信息表,这样可以更好地对员工的基本情况进行管理。如图10.1所示就是利用 Excel 软件制作出来的员工基本信息表。

编号	姓名	性别	部门	入职时间	学历	基本工资
JS001	黄成兰	男	行政部	1993/3/1	本科	3600
JS002	王小成	男	人力资源部	2001/5/10	硕士	3100
JS003	刘小丽	女	人力资源部	2000/9/2	本科	3200
JS004	毛东地	男	市场部	1990/7/1	大专	3500
JS005	王小川	男	行政部	1997/5/3	本科	3700
JS006	张大为	男	行政部	1996/5/3	本科	3600
JS007	那行程	男	物流部	1987/7/6	中专	4100
JS008	花岩	男	培训部	1978/5/6	中专	4100
JS009	程冰	女	培训部	1988/7/5	大专	4200
JS010	唐利花	女	物流部	1986/4/4	大专	4200
JS011	宁来财	男	行政部	1985/10/11	大专	4600
JS012	张丰收	男	培训部	1996/6/3	本科	3100
JS013	李平平	女	人力资源部	1992/5/6	本科	3100
JS014	甘霜	女	行政部	2002/7/2	硕士	3000
JS015	李庆丰	男	市场部	2005/8/9	硕士	3000
JS016	范冰冰	女	市场部	2006/10/12	硕士	3000
JS017	王小贱	男	市场部	2011/7/1	硕士	2900
JS018	李唯一	男	市场部	1990/7/3	本科	3600
JS019	张正在	男	物流部	1999/6/6	本科	3500
JS020	李小花	女	行政部	1987/3/5	大专	4200
JS021	田英英	女	行政部	2014/6/4	硕士	2900

图10.1 "员工基本信息表"样张

 知识点导入

　　1. 对齐单元格内容:执行【开始】→【对齐方式】命令。

2. 调整行高:执行【开始】→【单元格】→【格式】命令,在下拉列表中选择"行高"。

3. 设置底纹:执行【开始】→【单元格】→【格式】命令,在下拉列表中选择"设置单元格格式",在打开的对话框中选择"填充"选项卡。

4. 设置边框:执行【开始】→【单元格】→【格式】命令,在下拉列表中选择"设置单元格格式",在打开的对话框中选择"边框"选项卡。

解决方案

▶▶ **任务1 新建工作簿**

1. 启动 Excel 2016,新建空白工作簿。

2. 将新建的工作簿保存在桌面上,文件名为"员工基本信息表"。

▶▶ **任务2 输入表格相关内容**

1. 输入标题。

(1) 选中 A1:G1 单元格区域,执行【开始】→【对齐方式】→【合并后居中】命令。

(2) 在合并后的单元格内输入"员工基本信息表"。

2. 在 A2:G2 单元格区域中依次输入"编号""姓名""性别""部门""入职时间""学历""基本工资"。

3. 输入编号。

(1) 在 A3 单元格中输入编号"JS001"。

(2) 选中 A3 单元格,按住鼠标左键拖曳其右下角的填充句柄至 A23 单元格,如图 10.2 所示,填充后的"编号"数据如图 10.3 所示。

编号	姓名
JS001	

JS021

图 10.2 使用填充句柄填充"编号"

编号	姓
JS001	
JS002	
JS003	
JS004	
JS005	
JS006	
JS007	
JS008	
JS009	
JS010	
JS011	
JS012	
JS013	
JS014	
JS015	
JS016	
JS017	
JS018	
JS019	
JS020	
JS021	

图 10.3 填充后的"编号"

4. 输入员工的"部门"。

（1）为"部门"设置有效数据序列。

在一个公司里,工作部门是一个相对固定的数据,为了提高输入效率,可以为"部门"定义一组序列值,这样在输入的时候,就可以直接从序列值中选取了。

① 选中 D3:D23 单元格区域。

② 执行【数据】→【数据工具】→【数据验证】命令,在下拉列表中选择"数据验证",打开"数据验证"对话框,如图 10.4 所示。

③ 在"设置"选项卡中,单击"允许"列

图 10.4 "数据验证"对话框

表框右侧的下拉按钮,在弹出的下拉列表中选择"序列"选项,然后在下面的"来源"文本框中输入"行政部,人力资源部,市场部,物流部,培训部",如图 10.5 所示。

图 10.5 "设置"选项卡

（2）根据具体内容填入相关的内容。

技能加油站

在"来源"文本框中输入"行政部,人力资源部,市场部,物流部,培训部"时,各部中间的逗号一定要用英文半角逗号,不能用中文全角逗号。

5. 设置日期格式。

选中 E3:E23 单元格区域并单击鼠标右键,在弹出的快捷菜单中选择"设置单元格格式",打开"设置单元格格式"对话框,选择"数字"选项卡,设置"分类"为"日期",对应"类型"为"*2001/3/14",如图 10.6 所示。

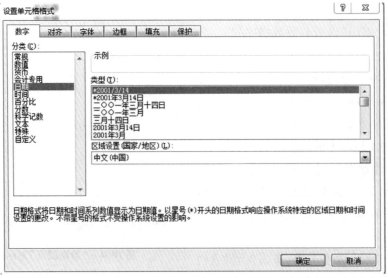

图 10.6 设置日期格式

6. 输入其他相关内容。

将表格中其他相关内容全部补全,如图 10.7 所示。

编号	姓名	性别	部门	入职时间	学历	基本工资
JS001	黄成兰	男	行政部	1993/3/1	本科	3600
JS002	王小成	男	人力资源部	2001/5/10	硕士	3100
JS003	刘小丽	女	人力资源部	2000/9/2	本科	3200
JS004	毛东地	男	市场部	1990/7/1	大专	3500
JS005	王小川	男	行政部	1997/5/3	本科	3700
JS006	张大为	男	行政部	1996/5/3	本科	3600
JS007	那行程	男	物流部	1987/7/6	中专	4100
JS008	花岩	男	培训部	1978/5/6	中专	4100
JS009	程冰	女	培训部	1988/7/5	大专	4200
JS010	唐利花	女	物流部	1986/4/4	大专	4200
JS011	宁来财	男	行政部	1985/10/11	大专	4600
JS012	张丰收	男	培训部	1996/6/3	本科	3100
JS013	李平平	女	人力资源部	1992/5/6	本科	3100
JS014	甘霜	女	行政部	2002/7/2	硕士	3000
JS015	李庆丰	男	市场部	2005/8/9	硕士	3000
JS016	范冰冰	女	市场部	2006/10/12	硕士	3000
JS017	王小贱	男	市场部	2011/7/1	硕士	2900
JS018	李唯一	男	市场部	1990/7/3	本科	3600
JS019	张正在	男	物流部	1999/6/6	本科	3500
JS020	李小花	女	行政部	1987/3/5	大专	4200
JS021	田英英	女	行政部	2014/6/4	硕士	2900

图 10.7 输入其他相关内容

▶▶ **任务 3   格式化表格**

1. 设置标题文字。

选中标题,执行【开始】→【字体】→【字体设置】命令,"字体"选择"宋体","字号"选择"20","字形"选择"加粗","颜色"选择"蓝色(标准色)"。

2. 设置表格边框线。

选择 A2:G23 单元格区域,单击鼠标右键,在弹出的快捷菜单中选择"设置单元格格式"命令,在打开的"设置单元格格式"对话框中选择"边框"选项卡,选择线条样式为"━━━",单击"预置"中的"外边框";选择线条样式为"———",单击"预置"中的"内部",如图 10.8 所示。

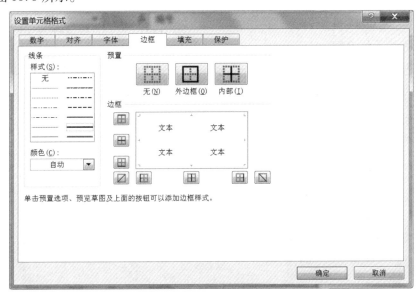

图 10.8 "边框"选项卡

3. 设置对齐方式。

(1)选择 A2:G2 单元格区域,单击鼠标右键,在弹出的快捷菜单中选择"设置单元格格式"命令,在打开的"设置单元格格式"对话框中选择"对齐"选项卡,"水平对齐"选择"居中","垂直对齐"选择"居中"。

(2)用同样的方法,设置 A3:D23 单元格区域内容的"水平对齐"为"靠左","垂直对齐"为"居中";设置 F3:F23 单元格区域内容的"水平对齐"为"居中","垂直对齐"为"居中";设置 E3:E23 和 G3:G23 单元格区域内容的"水平对齐"为"右对齐","垂直对齐"为"居中"。

4. 设置行高。

用鼠标单击第 2 行的行号,选中第 2 行,单击鼠标右键,出现如图 10.9 所示的快捷菜单,选择"行高",在打开的"行高"对话框中输入数字"30",如图 10.10 所示。

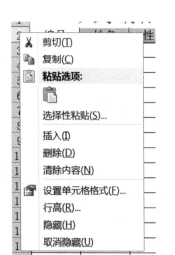

图 10.9　设置行高

图 10.10　"行高"对话框

5．设置单元格底纹。

（1）选中 A2：G2 单元格区域，单击鼠标右键，在弹出的快捷菜单中选择"设置单元格格式"命令，在打开的"设置单元格格式"对话框中选择"填充"选项卡，如图 10.11 所示。

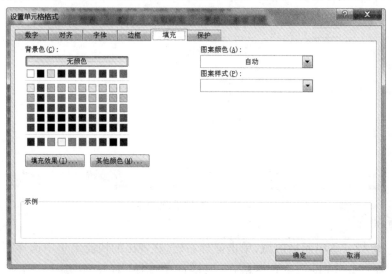

图 10.11　"填充"对话框

（2）单击"填充效果"按钮，打开"填充效果"对话框，设置如图 10.12 所示，单击"确定"按钮。

图 10.12 "填充效果"对话框

 **拓展项目**

制作如图 10.13 所示的工作日程安排表。

日期	周	上午	下午	备注
7日	周一	安排本周的计划	找相关人员谈话	
8日	周二	报总经理审批人事合同；督促各部门进行内部培训工作	部分销售经理面试	
9日	周三	审核员工奖惩制度	参加产品营销会	
10日	周四	员工关系梳理		
11日	周五	各部门内部培训跟踪	召开产品推介动员大会	保证有足够的产品宣传资料
12日	周六	休息	休息	
13日	周日	休息	休息	
14日	周一	绩效考核制作的审批	薪资结构的调整	
15日	周二	审批转正人员名单	约谈后备人员2人	
16日	周三	面试总经理助理	面试行政主管	
17日	周四	复试审批		
18日	周五	制定下个月工作计划		
19日	周六	休息	休息	
20日	周日	休息	休息	
21日	周一	安排本周的计划	核算薪资	

表头标题：**工作日程安排表** 2021年6月

图 10.13 "工作日程安排表"样张

具体操作步骤如下:

1. 在 A1 单元格中输入表格标题"工作日程安排表",在 A2 单元格中输入"2021 年 6 月"。

2. 输入相关内容,如图 10.14 所示。

工作日程安排表				
2021年6月				
日期	周	上午	下午	备注
7日	周一	安排本周的计划	找相关人员谈话	
8日	周二	报总经理审批人事	部分销售经理面试	
9日	周三	审核员工奖惩制度	参加产品营销会	
10日	周四	员工关系梳理		
11日	周五	各部门内部培训跟	召开产品	保证有足够的产品宣传资料
12日	周六	休息	休息	
13日	周日	休息	休息	
14日	周一	绩效考核制作的审	薪资结构的调整	
15日	周二	审批转正人员名单	约谈后备人员2人	
16日	周三	面试总经理助理	面试行政主管	
17日	周四	复试审批		
18日	周五	制定下个月工作计划		
19日	周六	休息	休息	
20日	周日	休息	休息	
21日	周一	安排本周的计划	核算薪资	

图 10.14　插入相关内容后的表格

3. 设置单元格格式。

(1)选中 A1:E1 单元格区域,执行【开始】→【对齐方式】→【合并后居中】命令,并在"字号"下拉列表中选择"26"。

(2)选中 A2:E2 单元格区域,执行【开始】→【对齐方式】→【合并后居中】命令,再执行【右对齐】命令。

(3)选中 C4:E18 单元格区域,单击鼠标右键,在弹出的快捷菜单中选择"设置单元格格式"命令,在打开的对话框中单击"对齐"选项卡,在"文本控制"栏中选中"自动换行"复选框,单击"确定"按钮。

(4)选中 A3:E3 单元格区域,执行【开始】→【对齐方式】→【居中】命令。

(5)保持 A3:E3 单元格区域的选中状态,在"字体"下拉列表中选择"黑体",在"字号"下拉列表中选择"14"。

(6)保持 A3:E3 单元格区域的选中状态,执行【开始】→【字体】→【填充颜色】命令,在弹出的下拉列表中选择"水绿色,个性色颜色 5,淡色 60%"选项。

设置完成后的表格如图 10.15 所示。

工作日程安排表

2021年6月

日期	周	上午	下午	备注
7日	周一	安排本周的计划	找相关人员谈话	
8日	周二	报总经理审批人事合同；督促各部门进行内部培训工作	部分销售经理面试	
9日	周三	审核员工奖惩制度	参加产品营销会	
10日	周四	员工关系梳理		
11日	周五	各部门内部培训跟踪	召开产品推介动员	保证有足够的产品
12日	周六	休息	休息	
13日	周日	休息	休息	
14日	周一	绩效考核制作的审批	薪资结构的调整	
15日	周二	审批转正人员名单	约谈后备人员2人	
16日	周三	面试总经理助理	面试行政主管	
17日	周四	复试审批		
18日	周五	制定下个月工作计划		
19日	周六	休息	休息	
20日	周日	休息	休息	
21日	周一	安排本周的计划	核算薪资	

图 10.15　设置单元格格式后的表格

4. 调整行高和列宽。

（1）选中 A4∶E18 单元格区域,执行【开始】→【单元格】→【格式】命令,在下拉列表中选择"自动调整行高"命令,将所选行的行高自动调整为适当的单元格内容的宽度。

（2）将鼠标指针移至"C"列标上,单击选择该列的所有单元格,执行【开始】→【单元格】→【格式】命令,在下拉列表中选择"列宽"命令,打开"列宽"对话框,在文本框中输入"15"。

5. 为单元格添加边框和底纹。

（1）选择 A3∶E18 单元格区域,按【Ctrl】+【1】组合键打开"设置单元格格式"对话框,单击"边框"选项卡,在"线条"栏的"样式"列表框中选择右侧的倒数第二个样式,然后单击"预置"栏中的"外边框"按钮 ⊞ ,单击"确定"按钮。

（2）选择 A9∶E10 单元格区域,按【Ctrl】+【1】组合键打开"设置单元格格式"对话框,单击"填充"选项卡,设置"背景色"为"绿色",单击"图案样式"下拉列表框右侧的下拉按钮,在弹出的列表中选择"6.25%灰色"选项,单击"确定"按钮。

设置完成后的表格如图 10.16 所示。

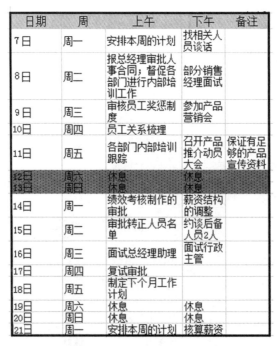

日期	周	上午	下午	备注
7日	周一	安排本周的计划	找相关人员谈话	
8日	周二	报总经理审批人事合同；督促各部门进行内部培训工作	部分销售经理面试	
9日	周三	审核员工奖惩制度	参加产品营销会	
10日	周四	员工关系梳理		
11日	周五	各部门内部培训跟踪	召开产品推介动员大会	保证有足够的产品宣传资料
12日	周六	休息	休息	
13日	周日	休息	休息	
14日	周一	绩效考核制作的审批	薪资结构的调整	
15日	周二	审批转正人员名单	约谈后备人员2人	
16日	周三	面试总经理助理	面试行政主管	
17日	周四	复试审批		
18日	周五	制定下个月工作计划		
19日	周六	休息	休息	
20日	周日	休息	休息	
21日	周一	安排本周的计划	核算薪资	

图 10.16　设置完成后的表格

 课后练习

1. 制作如图 10.17 所示的市场占有率分析表。

市场占有率分析表				
地区：西南				单位：万元
客户名称	公司产品	总占有率	目标占有率	策略
贝贝书城	《学会Word》	7%	8%	提升广告效力，采取多样化的促销手段
	《学会Excel》	6.50%	7%	
	《学会PowerPoint》	8%	9%	
	《学会Outlook》	15%	18%	
	《学会Publisher》	8%	8%	
	《学会Access》	9%	10%	
花香书城	《学会Word》	7%	8%	适当调整产品价格，注重新产品的创新设计
	《学会Excel》	11%	12%	
	《学会PowerPoint》	9%	13%	
	《学会Outlook》	13%	15%	
	《学会Publisher》	12%	15%	
	《学会Access》	10%	10%	
明日书城	《学会Word》	10%	12%	扩展销售渠道
	《学会Excel》	11%	12%	
	《学会PowerPoint》	12%	13%	
	《学会Outlook》	11%	12%	
	《学会Publisher》	13%	15%	
	《学会Access》	9%	10%	

图 10.17　"市场占有率分析表"样张

2. 制作如图 10.18 所示的新客户开发计划表。

新客户开发计划表

编号	客户名称	联系人（电话）	预计合作时间			结果
			三个月内	半年内	一年内	
1	天天书店	1314588****			√	继续跟进
2	枝梧书店	1329860****		√		已签约
3	遍客书城	1345132****	√			等待客户回复
4	小站书屋	1360404****		√		放弃
5	柯艾书屋	1375676****	√			继续跟进

图 10.18　"新客户开发计划表"样张

 **项目小结**

    本项目通过"员工基本信息表""工作日程安排表""市场占有率分析表""新客户开发计划表"等表格的制作，使读者学会工作表中的单元格合并居中、自动换行、数据格式的设置、边框和底纹的设置等的方法。读者在学会项目案例制作的同时，能够将所学知识活学活用到实际工作和生活中。

项目十一

产品质量检验表的制作

 **项目简介**

质量检验就是对产品的一项或多项质量特性进行观察、测量、试验,并将结果与规定的质量要求进行比较,以判断每项质量特性合格与否的一种活动。本案例制作的产品质量检验表主要用于对产品质量情况进行记录。如图 11.1 所示就是利用 Excel 软件制作出来的产品质量检验表。

	产品质量检验表								
部门:	面料检验科							7月	第 1 周
日期	产品名称	生产批号	产量	抽样数	成品不良数	加工不良数	良品数	不良数	不良率
2021/7/1	涤纶高弹丝	T-S	2000	200	4	5	191	9	4.50%
2021/7/1	涤纶POY	T-P	1500	150	3	4	143	7	4.67%
021/7/1 汇总					7	9	334	16	
2021/7/2	T/R弹力布	T/R-T1	1800	180	2	3	175	5	2.78%
2021/7/2	T/R仿麂皮	T/R-S1	1700	170	2	5	163	7	4.12%
021/7/2 汇总					4	8	338	12	
2021/7/3	锦纶-6DTY	N-6	1000	100	2	2	96	4	4.00%
2021/7/3	有梭涤棉布	TC-1	1000	100	3	1	96	4	4.00%
2021/7/3	经编丝光绸	WARP-S	1000	100	2	3	95	5	5.00%
021/7/3 汇总					7	6	287	13	
2021/7/4	经编条绒	WARP-NT	1600	160	1	5	154	6	3.75%
2021/7/4	经编金光绒	WARP-NJ	1500	150	2	3	145	5	3.33%
2021/7/4	PVC植绒	FLO-PVC	1000	100	2	1	97	3	3.00%
021/7/4 汇总					5	9	396	14	
2021/7/5	牛仔皮植绒	FLO-J	1000	100	1	2	97	3	3.00%
2021/7/5	素色天鹅绒	V-S	1600	160	1	3	156	4	2.50%
021/7/5 汇总					2	5	253	7	
2021/7/6	竹节纱布	Z-S	1500	150	1	1	148	2	1.33%
2021/7/6	色经白纬布	S-BW	1000	100	1	1	98	2	2.00%
021/7/6 汇总					2	2	246	4	
总计					27	39	1854	66	
				批示:	袁飞	审核人:	吴林	填表人:	博小倾

图 11.1 "产品质量检验表"样张

知识点导入

1. 设置简单排序：选择要排序的列，执行【开始】→【编辑】→【排序和筛选】命令，在下拉列表中选择"升序"或"降序"。

2. 设置自定义排序：执行【开始】→【编辑】→【排序和筛选】命令，在下拉列表中选择"自定义排序"，在打开的"排序"对话框中输入关键字，选择排序方式。

3. 设置分类汇总：汇总前先按分类字段进行升序或降序排序，然后执行【数据】→【分级显示】→【分类汇总】命令，设置分类字段、汇总方式并选定汇总项。

4. 删除分类汇总：执行【数据】→【分级显示】→【分类汇总】命令，在"分类汇总"对话框中单击"全部删除"按钮。

解决方案

▶▶ **任务1　新建工作簿**

1. 启动 Excel 2016，新建空白工作簿。

2. 将新建的工作簿保存在桌面上，文件名为"产品质量检验表"。

▶▶ **任务2　输入质检信息**

下面将在新建的工作簿中建立表格的基本框架，然后输入产品的质检信息，并根据产品的抽样数和不良数计算产品的不良率。具体操作步骤如下：

1. 录入信息。

（1）选中 A1:J1 单元格区域，执行【开始】→【对齐方式】→【合并后居中】命令，在合并后的单元格中输入标题"产品质量检验表"。

（2）在单元格中录入如图 11.2 所示的内容。

J22			f_x							
A	B	C	D	E	F	G	H	I	J	
					产品质量检验表					
部门:	面料检验科							7月 第1周		
日期	产品名称	生产批号	产量	抽样数	成品不良数	加工不良数	良品数	不良数	不良率	
2021/7/1	涤纶高弹丝	T-S	2000	200	4	5				
2021/7/1	涤纶POY	T-P	1500	150	3	4				
2021/7/2	T/R弹力布	T/R-T1	1800	180	2	3				
2021/7/2	T/R仿麂皮	T/R-S1	1700	170	2	5				
2021/7/3	锦纶-6DTY	N-6	1000	100	2	2				
2021/7/3	有梭涤棉布	TC-1	1000	100	3	1				
2021/7/3	经编丝光绸	WARP-S	1000	100	2	3				
2021/7/4	经编条绒	WARP-NT	1600	160	1	5				
2021/7/4	经编金光绒	WARP-NJ	1500	150	2	3				
2021/7/4	PVC植绒	FLO-PVC	1000	100	2	1				
2021/7/5	牛仔皮植绒	FLO-J	1000	100	1	2				
2021/7/5	素色天鹅绒	V-S	1600	160	1	3				
2021/7/6	竹节纱布	Z-S	1500	150	1	1				
2021/7/6	色经白纬布	S-BW	1000	100	1	1				
				批示:	郭乐	审核人:	张涵	填表人:	王小慧	

图 11.2　录入质检信息

2. 计算良品数、不良数和不良率。

(1) 计算良品数。

选择 H4 单元格,在编辑栏中输入公式" = E4 − F4 − G4",按【Enter】键计算出结果,然后单击 H4 单元格,将光标放到单元格右下角,当出现黑色实心十字架时,按住鼠标左键不放,一直往下拖动到 H17 单元格,松开鼠标左键,并可计算出 H5:H17 单元格区域的结果。

 技能加油站

单击选中某一单元格,将光标放在该单元格右下角,当出现黑色实心十字架时,按住鼠标左键不放,一直往下拖动可以快速复制公式,大大节省工作量;或者选中某一单元格,将光标放在该单元格右下角,当出现黑色实心十字架时,双击鼠标。同样可以实现快速复制的功能。

(2) 计算不良数。

选择 I4 单元格,在编辑栏中输入公式" = F4 + G4",按【Enter】键计算出结果,然后使用填充柄,自动填充 I5:I17 单元格区域。

(3) 计算不良率。

选择 J4 单元格,在编辑栏中输入公式" = I4/E4",按【Enter】键计算出结果,然后使用填充柄,自动填充 J5:J17 单元格区域。

（4）设置单元格格式。

选择 J4:J17 单元格区域，单击鼠标右键，在弹出的快捷菜单中选择"设置单元格格式"命令，在打开的对话框中选择"数字"选项卡，在"分类"列表框中选择"百分比"，再在右侧的"小数位数"中输入"2"，将其数字格式设置为保留两位小数的百分比样式。

技能加油站

在"数字"选项卡的"分类"列表框中列出了多种数字类型，用户可以根据需要进行设置。

计算完良品数、不良数和不良率并设置完单元格格式后的表格如图 11.3 所示。

	A	B	C	D	E	F	G	H	I	J
1						产品质量检验表				
2	部门：	面料检验科							7月	第 1 周
3	日期	产品名称	生产批号	产量	抽样数	成品不良数	加工不良数	良品数	不良数	不良率
4	2021/7/1	涤纶高弹丝	T-S	2000	200	4	5	191	9	4.50%
5	2021/7/1	涤纶POY	T-P	1500	150	3	4	143	7	4.67%
6	2021/7/2	T/R弹力布	T/R-T1	1800	180	2	3	175	5	2.78%
7	2021/7/2	T/R仿麂皮	T/R-S1	1700	170	2	5	163	7	4.12%
8	2021/7/3	锦纶-6DTY	N-6	1000	100	2	2	96	4	4.00%
9	2021/7/3	有梭涤棉布	TC-1	1000	100	3	1	96	4	4.00%
10	2021/7/3	经编丝光绒	WARP-S	1000	100	2	3	95	5	5.00%
11	2021/7/4	经编条绒	WARP-NT	1600	160	1	5	154	6	3.75%
12	2021/7/4	经编金光绒	WARP-NJ	1500	150	2	3	145	5	3.33%
13	2021/7/4	PVC植绒	FLO-PVC	1000	100	2	1	97	3	3.00%
14	2021/7/5	牛仔皮植绒	FLO-J	1000	100	1	2	97	3	3.00%
15	2021/7/5	素色天鹅绒	V-S	1600	160	1	3	156	4	2.50%
16	2021/7/6	竹节纱布	Z-S	1500	150	1	1	148	2	1.33%
17	2021/7/6	色经白纬布	S-BW	1000	100	1	1	98	2	2.00%
18					批示：	袁飞	审核人：	吴林	填表人：	傅小倾

图 11.3 计算完良品数、不良数和不良率并设置完单元格格式后的表格

▶▶ **任务 3　美化表格**

1. 设置字体。

设置标题"产品质量检验表"的字体样式为"黑体""24"，给第 3 行表头的文字加粗，设置其余文字为"宋体""11"。设置 A2、I2 单元格文字右对齐，B2、J2 单元格文字左对齐，表格中其余所有文字水平居中。2. 调整行高、列宽。

（1）选中表格第 2 行，执行【开始】→【单元格】→【格式】命令，在下拉列表中选择"行高"，打开"行高"对话框，输入固定值"24"，如图 11.4 所示。

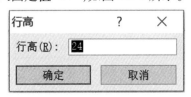

图 11.4　"行高"对话框

（2）选中表格第 3 行,执行【开始】→【单元格】→【格式】命令,在下拉列表中选择"行高",在打开的"行高"对话框中输入固定值"20"。

（3）选中表格第 4～17 行,执行【开始】→【单元格】→【格式】命令,在下拉列表中选择"行高",在打开的"行高"对话框中输入固定值"18"。

（4）选中表格第 18 行,执行【开始】→【单元格】→【格式】命令,在下拉列表中选择"行高",在打开的"行高"对话框中输入固定值"28"。

（5）适当调整表格列宽。

设置完成后的表格如图 11.5 所示。

	A	B	C	D	E	F	G	H	I	J
1	产品质量检验表									
2	部门:	面料检验科							7月	第 1 周
3	日期	产品名称	生产批号	产量	抽样数	成品不良数	加工不良数	良品数	不良数	不良率
4	2021/7/1	涤纶高弹丝	T-S	2000	200	4	5	191	9	4.50%
5	2021/7/1	涤纶POY	T-P	1500	150	3	4	143	7	4.67%
6	2021/7/2	T/R弹力布	T/R-T1	1800	180	2	3	175	5	2.78%
7	2021/7/2	T/R仿鹿皮	T/R-S1	1700	170	2	5	163	7	4.12%
8	2021/7/3	锦纶-6DTY	N-6	1000	100	2	2	96	4	4.00%
9	2021/7/3	有梭涤棉布	TC-1	1000	100	3	1	96	4	4.00%
10	2021/7/3	经编丝光绸	WARP-S	1000	100	2	3	95	5	5.00%
11	2021/7/4	经编条绒	WARP-NT	1600	160	1	5	154	6	3.75%
12	2021/7/4	经编金光绒	WARP-NJ	1500	150	2	3	145	5	3.33%
13	2021/7/4	PVC植绒	FLO-PVC	1000	100	2	1	97	3	3.00%
14	2021/7/5	牛仔皮植绒	FLO-J	1000	100	1	2	97	3	3.00%
15	2021/7/5	素色天鹅绒	V-S	1600	160	1	3	156	4	2.50%
16	2021/7/6	竹节纱布	Z-S	1500	150	1	1	148	2	1.33%
17	2021/7/6	色经白纬布	S-BW	1000	100	1	1	98	2	2.00%
18					批示:	袁飞	审核人:	吴林	填表人:	傅小倾

图 11.5　调整行高和列宽后的表格

3. 设置边框和底纹。

（1）选中 A3:J18 单元格区域,执行【开始】→【字体】→【下框线】命令,即如图 11.6 所示的边框 ⊞▾ ,然后在下拉列表中选择"其他边框",打开如图 11.7 所示的对话框。

图 11.6　【下框线】命令

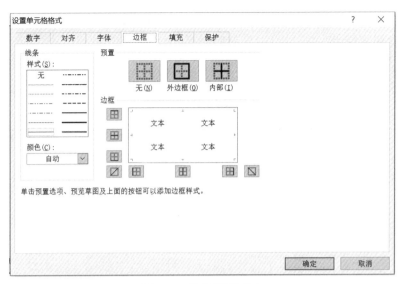

图 11.7　"边框"选项卡

 技能加油站

也可以用手工绘制表格边框:执行【开始】→【字体】→【下框线】命令,在下拉列表中选择"绘制边框"。

（2）在"边框"选项卡的"线条"栏的"样式"列表框中选择"虚线",在"预置"栏中选择"内部",如图 11.8 所示,至此表格的内边框就设置完成了。同样,选中 A3:J18 单元格区域,选择"线条"栏的"样式"列表框中右侧第 6 条实线,选择"预置"栏中的"外边框",至此表格的外边框也设置完成。

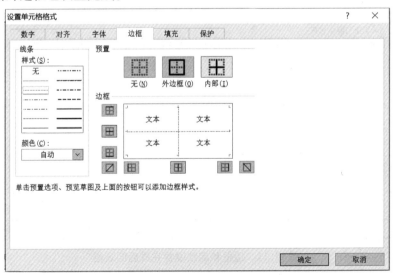

图 11.8　设置表格内边框

（3）选中 A17:J17 单元格区域，执行【开始】→【字体】→【下框线】命令，然后在下拉列表中选择"粗下框线"。

边框设置完成后的效果如图 11.9 所示。

	产品质量检验表								
部门：面料检验科									7月 第 1 周
日期	产品名称	生产批号	产量	抽样数	成品不良数	加工不良数	良品数	不良数	不良率
2021/7/1	涤纶高弹丝	T-S	2000	200	4	5	191	9	4.50%
2021/7/1	涤纶POY	T-P	1500	150	3	4	143	7	4.67%
2021/7/2	T/R弹力布	T/R-T1	1800	180	2	3	175	5	2.78%
2021/7/2	T/R仿麂皮	T/R-S1	1700	170	2	5	163	7	4.12%
2021/7/3	锦纶-6DTY	N-6	1000	100	2	2	96	4	4.00%
2021/7/3	有梭涤棉布	TC-1	1000	100	3	1	96	4	4.00%
2021/7/3	经编丝光绸	WARP-S	1000	100	2	3	95	5	5.00%
2021/7/4	经编条绒	WARP-NT	1600	160	1	5	154	6	3.75%
2021/7/4	经编金光绒	WARP-NJ	1500	150	2	3	145	5	3.33%
2021/7/4	PVC植绒	FLO-PVC	1000	100	2	1	97	3	3.00%
2021/7/5	牛仔皮植绒	FLO-J	1000	100	1	2	97	3	3.00%
2021/7/5	素色天鹅绒	V-S	1600	160	1	3	156	4	2.50%
2021/7/6	竹节纱布	Z-S	1500	150	1	1	148	2	1.33%
2021/7/6	色经白纬布	S-BW	1000	100	1	1	98	2	2.00%
					批示：	袁飞	审核人：吴林	填表人：傅小倩	

图 11.9 设置边框后的表格

（4）选择第 3 行表头文字，执行【开始】→【字体】→【填充颜色】命令，如图 11.10 所示，选择"浅绿"（标准色）。

图 11.10 填充颜色

（5）用同样的方法为 B2、J2、F18、H18、J18 单元格设置底纹"橄榄色，个性色 3，淡色 40%"。

边框和底纹设置完成后的表格如图 11.11 所示。

	产品质量检验表								
部门：面料检验科									7月 第 1 周
日期	产品名称	生产批号	产量	抽样数	成品不良数	加工不良数	良品数	不良数	不良率
2021/7/1	涤纶高弹丝	T-S	2000	200	4	5	191	9	4.50%
2021/7/1	涤纶POY	T-P	1500	150	3	4	143	7	4.67%
2021/7/2	T/R弹力布	T/R-T1	1800	180	2	3	175	5	2.78%
2021/7/2	T/R仿麂皮	T/R-S1	1700	170	2	5	163	7	4.12%
2021/7/3	锦纶-6DTY	N-6	1000	100	2	2	96	4	4.00%
2021/7/3	有梭涤棉布	TC-1	1000	100	3	1	96	4	4.00%
2021/7/3	经编丝光绸	WARP-S	1000	100	2	3	95	5	5.00%
2021/7/4	经编条绒	WARP-NT	1600	160	1	5	154	6	3.75%
2021/7/4	经编金光绒	WARP-NJ	1500	150	2	3	145	5	3.33%
2021/7/4	PVC植绒	FLO-PVC	1000	100	2	1	97	3	3.00%
2021/7/5	牛仔皮植绒	FLO-J	1000	100	1	2	97	3	3.00%
2021/7/5	素色天鹅绒	V-S	1600	160	1	3	156	4	2.50%
2021/7/6	竹节纱布	Z-S	1500	150	1	1	148	2	1.33%
2021/7/6	色经白纬布	S-BW	1000	100	1	1	98	2	2.00%
					批示：	袁飞	审核人：吴林	填表人：傅小倩	

图 11.11 边框和底纹设置完成后的表格

（6）选中 J4:J17 单元格区域，执行【开始】→【样式】→【条件格式】命令，在下拉列表中选择"突出显示单元格规则"中的"其他规则"，打开"新建格式规则"对话框，如

图 11.12 所示。

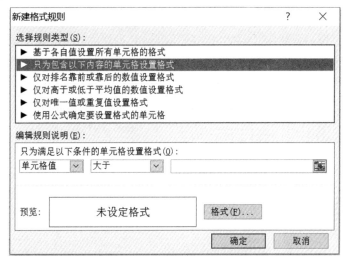

图 11.12　"新建格式规则"对话框

（7）按图 11.13 所示进行设置，在"只为满足以下条件的单元格设置格式"下依次选择"单元格值""大于""0.035"。

图 11.13　新建格式规则

（8）单击"格式"按钮，打开"设置单元格格式"对话框，在"颜色"中选择"深红"（标准色），如图 11.14 所示。

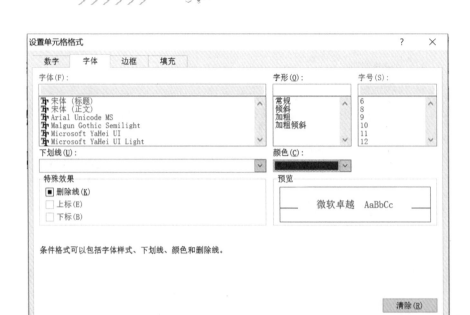

图 11.14 "设置单元格格式"对话框

（9）依次单击"确定""确定"按钮,返回工作表中,即可查看设置条件格式后的效果,如图 11.15 所示。

	日期	产品名称	生产批号	产量	抽样数	成品不良数	加工不良数	良品数	不良数	不良率
									7月	第 1 周
4	2021/7/1	涤纶高弹丝	T-S	2000	200	4	5	191	9	4.50%
5	2021/7/1	涤纶POY	T-P	1500	150	3	4	143	7	4.67%
6	2021/7/2	T/R弹力布	T/R-T1	1800	180		3	175	5	2.78%
7	2021/7/2	T/R仿麂皮	T/R-S1	1700	170	2	5	163	7	4.12%
8	2021/7/3	锦纶-6DTY	N-6	1000	100		2	96	4	4.00%
9	2021/7/3	有检涤棉布	TC-1	1000	100		2	96	4	4.00%
10	2021/7/3	经编丝光绸	WARP-S	1000	100		5	95	5	5.00%
11	2021/7/4	经编条绒	WARP-NT	1600	160	1	5	154	6	3.75%
12	2021/7/4	经编金光绒	WARP-NJ	1500	150	2	3	145	5	3.33%
13	2021/7/4	PVC植绒	FLO-PVC	1000	100		3	97	3	3.00%
14	2021/7/5	牛仔皮植绒	FLO-J	1000	100	1	2	97	3	3.00%
15	2021/7/5	素色天鹅绒	V-S	1600	160	1	3	156	4	2.50%
16	2021/7/6	竹节纱布	Z-S	1500	150	1	1	148	2	1.33%
17	2021/7/6	色经白纬布	S-BW	1000	100	1	1	98	2	2.00%
18					批示:	袁飞	审核人:	吴林	填表人:	傅小倾

产品质量检验表

部门: 面料检验科

图 11.15 设置条件格式后的表格

▶▶ **任务 4　分类汇总表格数据**

下面使用 Excel 2016 提供的分类汇总功能对表格中的成品不良数、加工不良数、良品数和不良数进行分类汇总。具体操作步骤如下：

（1）选择 A3：J17 单元格区域，执行【数据】→【分级显示】→【分类汇总】命令，打开"分类汇总"对话框，在"分类字段"下拉列表中选择"日期"选项。在"汇总方式"下拉列表中选择"求和"选项。

（2）在"选定汇总项"列表框中选中"成品不良数""加工不良数""良品数""不良数"复选框，如图11.16 所示，单击"确定"按钮。

（3）返回工作表中，即可查看按设置的汇总条件进行汇总后的效果。效果如图 11.17 所示。

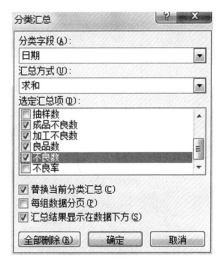

图 11.16　设置分类汇总

1 2 3		A	B	C	D	E	F	G	H	I	J
	1				产品质量检验表						
	2	部门：	面料检验科							7月 第 1 周	
	3	日期	产品名称	生产批号	产量	抽样数	成品不良数	加工不良数	良品数	不良数	不良率
	4	2021/7/1	涤纶高弹丝	T-S	2000	200	4	5	191	9	4.50%
	5	2021/7/1	涤纶POY	T-P	1500	150	3	4	143	7	4.67%
	6	021/7/1 汇总					7	9	334	16	
	7	2021/7/2	T/R弹力布	T/R-T1	1800	180	2	3	175	5	2.78%
	8	2021/7/2	T/R仿麂皮	T/R-S1	1700	170	2	5	163	7	4.12%
	9	021/7/2 汇总					4	8	338	12	
	10	2021/7/3	锦纶-6DTY	N-6	1000	100	2	2	96	4	4.00%
	11	2021/7/3	有梭涤棉布	TC-1	1000	100	3	1	96	4	4.00%
	12	2021/7/3	经编丝光绸	WARP-S	1000	100	2	3	95	5	5.00%
	13	021/7/3 汇总					7	6	287	13	
	14	2021/7/4	经编条绒	WARP-NT	1600	160	1	5	154	6	3.75%
	15	2021/7/4	经编金光绒	WARP-NJ	1500	150	2	3	145	5	3.33%
	16	2021/7/4	PVC植绒	FLO-PVC	1000	100	2	1	97	3	3.00%
	17	021/7/4 汇总					5	9	396	14	
	18	2021/7/5	牛仔皮植绒	FLO-J	1000	100	1	2	97	3	3.00%
	19	2021/7/5	素色天鹅绒	V-S	1600	160	1	3	156	4	2.50%
	20	021/7/5 汇总					2	5	253	7	
	21	2021/7/6	竹节纱布	Z-S	1500	150	1	1	148	2	1.33%
	22	2021/7/6	色经白纬布	S-BW	1000	100	1	1	98	2	2.00%
	23	021/7/6 汇总					2	2	246	4	
	24	总计					27	39	1854	66	
	25					批示：	袁飞	审核人：	吴林	填表人：	傅小倾

图 11.17　汇总效果图

（4）设置底纹突出显示汇总数据。

选中 A6：J6、A9：J9、A13：J13、A17：J17、A20：J20、A23：J23 单元格区域，执行【开始】→【字体】→【填充颜色】命令，选择"浅绿"（标准色）。

将汇总行的底纹颜色设置为"浅绿"（标准色），然后在工作表中即可查看设置底纹后的效果，如图 11.18 所示。

产品质量检验表

日期	产品名称	生产批号	产量	抽样数	成品不良数	加工不良数	良品数	不良数	不良率
部门：面料检验科								7月 第 1 周	
2021/7/1	涤纶高弹丝	T-S	2000	200	4	5	191	9	4.50%
2021/7/1	涤纶POY	T-P	1500	150	3	4	143	7	4.67%
021/7/1 汇总					7	9	334	16	
2021/7/2	T/R弹力布	T/R-T1	1800	180	2	3	175	5	2.78%
2021/7/2	T/R仿麂皮	T/R-S1	1700	170	2	5	163	7	4.12%
021/7/2 汇总					4	8	338	12	
2021/7/3	锦纶-6DTY	N-6	1000	100	2	2	96	4	4.00%
2021/7/3	有梭涤棉布	TC-1	1000	100	3	1	96	4	4.00%
2021/7/3	经编丝光绸	WARP-S	1000	100	2	3	95	5	5.00%
021/7/3 汇总					7	6	287	13	
2021/7/4	经编条绒	WARP-NT	1600	160	1	5	154	6	3.75%
2021/7/4	经编金光绒	WARP-NJ	1500	150	2	3	145	5	3.33%
2021/7/4	PVC植绒	FLO-PVC	1000	100	2	1	97	3	3.00%
021/7/4 汇总					5	9	396	14	
2021/7/5	牛仔皮植绒	FLO-J	1000	100	1	2	97	3	3.00%
2021/7/5	素色天鹅绒	V-S	1600	160	1	3	156	4	2.50%
021/7/5 汇总					2	5	253	7	
2021/7/6	竹节纱布	Z-S	1500	150	1	1	148	2	1.33%
2021/7/6	色经白纬布	S-BW	1000	100	1	1	98	2	2.00%
021/7/6 汇总					2	2	246	4	
总计					27	39	1854	66	
			批示：	袁飞		审核人：	吴林	填表人：	傅小倩

图 11.18　设置底纹突出显示汇总数据后的表格

技能加油站

单击表格左上角的数字 123 ，可以分级查看分类汇总数据。"分类汇总"的"分类字段"并不唯一，用户可以根据需要选择分类字段。

拓展项目

制作办公用品采购表，并按"类别"进行分类汇总，汇总结果如图 11.19 所示。

序号	类别	名称	品牌	规格	单价	单位	订购数量	总计
								办公用品采购表
15	办公日用品	垃圾袋	青自然	45*45	¥4.5	包	5	¥22.5
20	办公日用品	纸杯	妙洁	225mL	¥6.8	袋	34	¥231.2
办公日用品 汇总								¥253.7
3	办公文具	订书机	益而高	2.8寸	¥18.0	个	5	¥90.0
5	办公文具	回形针	益而高	28mm	¥2.0	盒	5	¥10.0
9	办公文具	裁纸刀	日钢	3.5寸	¥3.0	把	3	¥9.0
11	办公文具	黑色长尾夹	益而高	41mm	¥5.5	盒	15	¥82.5
12	办公文具	黑色长尾夹	益而高	25mm	¥2.5	盒	15	¥37.5
23	办公文具	透明胶	明德	18mm×15m	¥4.8	卷	7	¥33.6
26	办公文具	笔筒	得力	15mm	¥3.5	个	8	¥28.0
办公文具 汇总								¥290.6
10	财会用品	费用报销单	运城	32*18	¥16.0	本	6	¥96.0
24	财会用品	印台	旗牌	250g	¥16.5	个	2	¥33.0
16	财会用品	计算器	信诺	500g	¥16.0	台	3	¥48.0
财会用品 汇总								¥177.0
1	书写用品	中性笔（红）	晨光	0.5mm	¥1.5	支	50	¥75.0
2	书写用品	中性笔（黑）	晨光	0.5mm	¥1.5	支	50	¥75.0
6	书写用品	中性笔芯（黑）	晨光	0.5mm	¥0.5	支	100	¥50.0
19	书写用品	圆珠笔	晨光	0.7mm	¥0.8	支	80	¥64.0
21	书写用品	自动铅笔	晨光	0.5mm	¥1.2	支	6	¥7.2
25	书写用品	荧光笔	东洋	5mm	¥1.8	支	16	¥28.8
书写用品 汇总								¥300.0
4	文件管理	文件整理夹	高讯	A4 2寸	¥8.5	个	8	¥68.0
7	文件管理	拉杆文件夹	高讯	A4	¥6.5	个	4	¥26.0
8	文件管理	资料册(100页)	高讯	100页	¥8.5	本	20	¥170.0
13	文件管理	档案袋	益而高	180g	¥1.5	个	45	¥67.5
14	文件管理	档案盒	益而高	A4 55mm	¥7.5	个	10	¥75.0
17	文件管理	资料册	高讯	30页	¥6.4	本	12	¥76.8
18	文件管理	资料册	高讯	60页	¥7.9	本	10	¥79.0
22	文件管理	名片册	高讯	320页	¥5.5	本	4	¥22.0
文件管理 汇总								¥584.3
总计								¥1,605.6

图 11.19 "办公用品采购表"样张

一、创建办公用品采购表

下面通过输入文本、设置格式和添加边框等操作来创建"办公用品采购表"，并输入公式计算相应的数据。具体操作步骤如下：

1. 新建"办公用品采购表"工作簿，合并 A1:I1 单元格区域，输入表格标题"办公用品采购表"。

2. 在表格中录入如图 11.20 所示的文本内容。

（1）设置标题字体为"宋体""26""居中对齐"。

（2）设置其余字体为"宋体""11""居中对齐"。

录入文本并设置格式后的表格如图 11.20 所示。

	A	B	C	D	E	F	G	H	I
				办公用品采购表					
2	序号	类别	名称	品牌	规格	单价	单位	订购数量	总计
3	15	办公日用品	垃圾袋	青自然	45*45	4.5	包	5	
4	20	办公日用品	纸杯	妙洁	225mL	6.8	袋	34	
5	3	办公文具	订书机	益而高	2.8寸	18.0	个	5	
6	5	办公文具	回形针	益而高	28mm	2.0	盒	5	
7	9	办公文具	裁纸刀	日钢	3.5寸	3.0	把	3	
8	11	办公文具	黑色长尾夹	益而高	41mm	5.5	盒	15	
9	12	办公文具	黑色长尾夹	益而高	25mm	2.5	盒	15	
10	23	办公文具	透明胶	明德	18mmx15m	4.8	卷	7	
11	26	办公文具	笔筒	得力	15mm	3.5	个	8	
12	10	财会用品	费用报销单	运城	32*18	16.0	本	6	
13	24	财会用品	印台	旗牌	250g	16.5	个	2	
14	16	财会用品	计算器	信诺	500g	16.0	台	3	
15	1	书写用品	中性笔（红）	晨光	0.5mm	1.5	支	50	
16	2	书写用品	中性笔（黑）	晨光	0.5mm	1.5	支	50	
17	6	书写用品	中性笔芯（黑）	晨光	0.5mm	0.5	支	100	
18	19	书写用品	圆珠笔	晨光	0.7mm	0.8	支	80	
19	21	书写用品	自动铅笔	晨光	0.5mm	1.2	支	6	
20	25	书写用品	荧光笔	东洋	5mm	1.8	支	16	
21	4	文件管理	文件整理夹	高讯	A4 2寸	8.5	个	8	
22	7	文件管理	拉杆文件夹	高讯	A4	6.5	个	4	
23	8	文件管理	资料册(100页)	高讯	100页	8.5	本	20	
24	13	文件管理	档案袋	益而高	180g	1.5	个	45	
25	14	文件管理	档案盒	益而高	A4 55mm	7.5	个	10	
26	17	文件管理	资料册	高讯	30页	6.4	本	12	
27	18	文件管理	资料册	高讯	60页	7.9	本	10	
28	22	文件管理	名片册	高讯	320页	5.5	本	4	

图 11.20　录入文本并设置格式后的表格

3. 计算总计值。

（1）在 I3 单元格中输入公式"= F3 * H3"，按【Enter】键计算出结果。

（2）使用填充柄计算出 I4:I28 单元格区域中的数据。

4. 选择 F3:F28 和 I3:I28 单元格区域，通过"设置单元格格式"对话框，将其数字格式设置为带 1 位小数的货币格式。

5. 选择 A1:I28 单元格区域，为其添加"所有框线"边框样式。

制作完成后的效果如图 11.21 所示。

序号	类别	名称	品牌	规格	单价	单位	订购数量	总计
								办公用品采购表
15	办公日用品	垃圾袋	青自然	45*45	￥4.5	包	5	￥22.5
20	办公日用品	纸杯	妙洁	225mL	￥6.8	袋	34	￥231.2
3	办公文具	订书机	益而高	2.8寸	￥18.0	个	5	￥90.0
5	办公文具	回形针	益而高	28mm	￥2.0	盒	5	￥10.0
9	办公文具	裁纸刀	日钢	3.5寸	￥3.0	把	3	￥9.0
11	办公文具	黑色长尾夹	益而高	41mm	￥5.5	盒	15	￥82.5
12	办公文具	黑色长尾夹	益而高	25mm	￥2.5	盒	15	￥37.5
23	办公文具	透明胶	明德	18mmx15m	￥4.8	卷	7	￥33.6
26	办公文具	笔筒	得力	15mm	￥3.5	个	8	￥28.0
10	财会用品	费用报销单	运城	32*18	￥16.0	本	6	￥96.0
24	财会用品	印台	旗牌	250g	￥16.5	个	2	￥33.0
16	财会用品	计算器	信诺	500g	￥16.0	台	3	￥48.0
1	书写用品	中性笔（红）	晨光	0.5mm	￥1.5	支	50	￥75.0
2	书写用品	中性笔（黑）	晨光	0.5mm	￥1.5	支	50	￥75.0
6	书写用品	中性笔芯（黑）	晨光	0.5mm	￥0.5	支	100	￥50.0
19	书写用品	圆珠笔	晨光	0.7mm	￥0.8	支	80	￥64.0
21	书写用品	自动铅笔	晨光	0.5mm	￥1.2	支	6	￥7.2
25	书写用品	荧光笔	东洋	5mm	￥1.8	支	16	￥28.8
4	文件管理	文件整理夹	高讯	A4 2寸	￥8.5	个	8	￥68.0
7	文件管理	拉杆文件夹	高讯	A4	￥6.5	个	4	￥26.0
8	文件管理	资料册(100页)	高讯	100页	￥8.5	本	20	￥170.0
13	文件管理	档案袋	益而高	180g	￥1.5	个	45	￥67.5
14	文件管理	档案盒	益而高	A4 55mm	￥7.5	个	10	￥75.0
17	文件管理	资料册	高讯	30页	￥6.4	本	12	￥76.8
18	文件管理	资料册	高讯	60页	￥7.9	本	10	￥79.0
22	文件管理	名片册	高讯	320页	￥5.5	本	4	￥22.0

图 11.21 计算总计值并添加所有框线后的表格

二、表格的排序

表格中数据的排列并没有规律，为了便于查看，下面对表格中的数据按类别进行排序。具体操作步骤如下：

1. 选择 A2:I28 单元格区域，执行【数据】→【排序和筛选】→【排序】命令，打开"排序"对话框。

2. 在"主要关键字"下拉列表中选择"类别"选项，在"次序"下的下拉列表中选择"升序"选项，单击"确定"按钮，如图 11.22 所示。

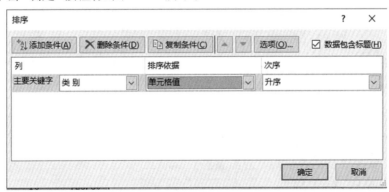

图 11.22 "排序"对话框

返回工作表中，即可查看用品按类别进行升序排列的效果。

三、按类别汇总总计金额

下面将按类别对总计金额进行汇总统计。具体操作步骤如下:

1. 选择 A2:I28 单元格区域,执行【数据】→【分级显示】→【分类汇总】命令,打开"分类汇总"对话框。

2. 在"分类字段"下拉列表中选择"类别"选项,在"汇总方式"下拉列表中选择"求和"选项,在"选定汇总项"下选中"总计"复选框,如图 11.23 所示。

3. 单击"确定"按钮,返回工作表中,即可查看按"类别"分类字段进行总计汇总的效果,如图 11.24 所示。

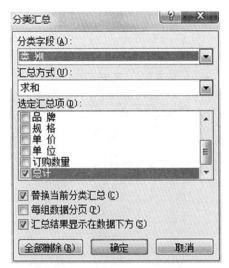

图 11.23 "分类汇总"对话框

	序号	类别	名称	品牌	规格	单价	单位	订购数量	总计
	15	办公日用品	垃圾袋	青自然	45*45	¥4.5	包	5	¥22.50
	20	办公日用品	纸杯	妙洁	225mL	¥6.8	袋	34	¥231.20
		办公日用品 汇总							¥253.70
	3	办公文具	订书机	益而高	2.8寸	¥18.0	个	5	¥90.00
	5	办公文具	回形针	益而高	28mm	¥2.0	盒	5	¥10.00
	9	办公文具	裁纸刀	日钢	3.5寸	¥3.0	把	3	¥9.00
	11	办公文具	黑色长尾夹	益而高	41mm	¥5.5	盒	15	¥82.50
	12	办公文具	黑色长尾夹	益而高	25mm	¥2.5	盒	15	¥37.50
	23	办公文具	透明胶	明德	18mm x15m	¥4.8	卷	7	¥33.60
	26	办公文具	笔筒	得力	15mm	¥3.5	个	8	¥28.00
		办公文具 汇总							¥290.60
	10	财会用品	费用报销单	运城	32*18	¥16.0	本	6	¥96.00
	24	财会用品	印台	旗牌	250g	¥16.5	个	2	¥33.00
	16	财会用品	计算器	信诺	500g	¥16.0	台	3	¥48.00
		财会用品 汇总							¥177.00
	1	书写用品	中性笔(红)	晨光	0.5mm	¥1.5	支	50	¥75.00
	2	书写用品	中性笔(黑)	晨光	0.5mm	¥1.5	支	50	¥75.00
	6	书写用品	中性笔芯(黑)	晨光	0.5mm	¥0.5	支	100	¥50.00
	19	书写用品	圆珠笔	晨光	0.7mm	¥0.8	支	80	¥64.00
	21	书写用品	自动铅笔	晨光	0.5mm	¥1.2	支	6	¥7.20
	25	书写用品	荧光笔	东洋	5mm	¥1.8	支	16	¥28.80
		书写用品 汇总							¥300.00
	4	文件管理	文件整理夹	高讯	A4 2寸	¥8.5	个	8	¥68.00
	7	文件管理	拉杆文件夹	高讯	A4	¥6.5	个	4	¥26.00
	8	文件管理	资料册(100页)	高讯	100页	¥8.5	本	20	¥170.00
	13	文件管理	档案袋	益而高	180g	¥1.5	个	45	¥67.50
	14	文件管理	档案盒	益而高	A4 55mm	¥7.5	个	10	¥75.00
	17	文件管理	资料册	高讯	30页	¥6.4	本	12	¥76.80
	18	文件管理	资料册	高讯	60页	¥7.9	本	10	¥79.00
	22	文件管理	名片册	高讯	320页	¥5.5	本	4	¥22.00
		文件管理 汇总							¥584.30
		总计							¥1,605.60

图 11.24 分类汇总后的表格

四、新建表样式

1. 执行【开始】→【样式】→【套用表格格式】命令,在弹出的下拉列表中选择"新建表格样式"选项。

2. 打开"新建表样式"对话框,在"名称"文本框中输入"自定义",在"表元素"下选择"第一行条纹"选项,如图 11.25 所示。

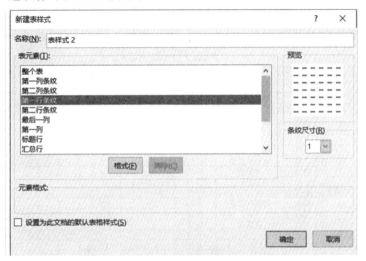

图 11.25 "新建表快速样式"对话框

3. 单击"格式"按钮,打开"设置单元格格式"对话框,选择"填充"选项卡,在"背景色"栏中选择"橙色"选项,如图 11.26 所示。

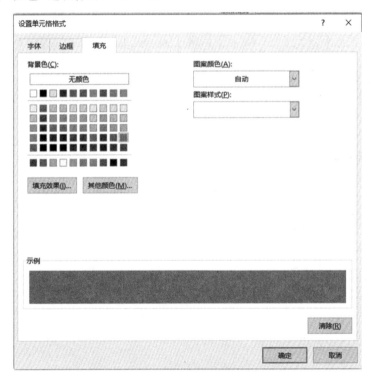

图 11.26 "设置单元格格式"对话框

4. 单击"确定"按钮。返回"新建表样式"对话框,在"预览"栏中即可查看设置的效果,然后使用相同的方法将第5、13、17、24、33、34 行条纹的颜色设置为"橙色"。

5. 返回工作表中,即可查看应用新建表样式后的效果,如图 11.27 所示。

序号	类 别	名 称	品 牌	规 格	单 价	单 位	订购数量	总 计
			办公用品采购表					
15	办公日用品	垃圾袋	青自然	45*45	¥4.5	包	5	¥22.5
20	办公日用品	纸杯	妙洁	225mL	¥6.8	袋	34	¥231.2
	办公日用品 汇总							¥253.7
3	办公文具	订书机	益而高	2.8寸	¥18.0	个	5	¥90.0
5	办公文具	回形针	益而高	28mm	¥2.0	盒	5	¥10.0
9	办公文具	裁纸刀	日钢	3.5寸	¥3.0	把	3	¥9.0
11	办公文具	黑色长尾夹	益而高	41mm	¥5.5	盒	15	¥82.5
12	办公文具	黑色长尾夹	益而高	25mm	¥2.5	盒	15	¥37.5
23	办公文具	透明胶	明德	18mmx15m	¥4.8	卷	7	¥33.6
26	办公文具	笔筒	得力	15mm	¥3.5	个	8	¥28.0
	办公文具 汇总							¥290.6
10	财会用品	费用报销单	运城	32*18	¥16.0	本	6	¥96.0
24	财会用品	印台	旗牌	250g	¥16.5	个	2	¥33.0
16	财会用品	计算器	信诺	500g	¥16.0	台	3	¥48.0
	财会用品 汇总							¥177.0
1	书写用品	中性笔(红)	晨光	0.5mm	¥1.5	支	50	¥75.0
2	书写用品	中性笔(黑)	晨光	0.5mm	¥1.5	支	50	¥75.0
6	书写用品	中性笔芯(黑)	晨光	0.5mm	¥0.5	支	100	¥50.0
19	书写用品	圆珠笔	晨光	0.7mm	¥0.8	支	80	¥64.0
21	书写用品	自动铅笔	晨光	0.5mm	¥1.2	支	6	¥7.2
25	书写用品	荧光笔	东洋	5mm	¥1.8	支	16	¥28.8
	书写用品 汇总							¥300.0
4	文件管理	文件整理夹	高讯	A4 2寸	¥8.5	个	8	¥68.0
7	文件管理	拉杆文件夹	高讯	A4	¥6.5	个	4	¥26.0
8	文件管理	资料册(100页)	高讯	100页	¥8.5	本	20	¥170.0
13	文件管理	档案袋	益而高	180g	¥1.5	个	45	¥67.5
14	文件管理	档案盒	益而高	A4 55mm	¥7.5	个	10	¥75.0
17	文件管理	资料册	高讯	30页	¥6.4	本	12	¥76.8
18	文件管理	资料册	高讯	60页	¥7.9	本	10	¥79.0
22	文件管理	名片册	高讯	320页	¥5.5	本	4	¥22.0
	文件管理 汇总							¥584.3
	总计							¥1,605.6

图 11.27　新建表样式后的表格

 课后练习

1. 制作产品销量统计表并按以下要求完成分类汇总,如图 11.28 所示。
要求如下:
(1)关键字为"销售地区"。
(2)汇总方式为"求和"。
(3)汇总项为"1 月""2 月""3 月""总销售额"。

I12

2016年第一季度销量统计表

编号	产品名称	销售地区	1月	2月	3月	总销售额
1	洗衣机	河南	¥576,100.00	¥697,450.00	¥641,298.00	¥3,666,292.00
2	冰箱	上海	¥718,500.00	¥538,700.00	¥580,002.00	¥3,211,519.00
3	电视机	河南	¥724,453.00	¥613,710.00	¥867,000.00	¥4,412,600.00
4	空调	上海	¥563,710.00	¥735,100.00	¥786,900.00	¥4,649,442.00
5	电饭煲	江苏	¥694,092.00	¥511,070.00	¥552,450.00	¥2,997,269.00
6	空调	新疆	¥532,000.00	¥631,700.00	¥697,450.00	¥4,215,161.00
7	电风扇	新疆	¥641,298.00	¥732,730.00	¥810,900.00	¥2,871,648.00
8	冰箱	河南	¥532,789.00	¥526,740.00	¥685,000.00	¥3,548,370.00
9	微波炉	江苏	¥784,000.00	¥641,370.00	¥532,789.00	¥3,572,129.00
10	电饭煲	上海	¥699,010.00	¥601,400.00	¥429,138.00	¥3,323,670.00
11	电视机	新疆	¥610,500.00	¥710,700.00	¥679,000.00	¥4,057,613.00
12	微波炉	河南	¥520,000.00	¥597,000.00	¥590,100.00	¥3,859,410.00
13	洗衣机	江苏	¥538,700.00	¥867,000.00	¥796,500.00	¥4,755,300.00
14	饮水机	江苏	¥743,000.00	¥569,500.00	¥511,070.00	¥4,289,220.00
15	电风扇	上海	¥798,420.00	¥471,049.00	¥654,500.00	¥3,186,150.00
16	微波炉	新疆	¥552,450.00	¥628,040.00	¥651,000.00	¥4,497,260.00
17	冰箱	江苏	¥764,000.00	¥538,900.00	¥532,000.00	¥3,404,320.00
18	电饭煲	新疆	¥590,100.00	¥465,200.00	¥823,700.00	¥3,412,802.00
19	空调	河南	¥534,260.00	¥764,200.00	¥583,010.00	¥4,647,200.00
20	饮水机	上海	¥782,607.00	¥598,360.00	¥478,000.00	¥4,172,507.00
21	电视机	江苏	¥610,400.00	¥685,000.00	¥705,300.00	¥4,401,600.00
22	洗衣机	上海	¥417,500.00	¥736,400.00	¥503,708.00	¥4,269,080.00
23	电风扇	河南	¥621,400.00	¥710,000.00	¥641,370.00	¥2,818,900.00
24	饮水机	江苏	¥601,400.00	¥583,010.00	¥621,400.00	¥3,650,910.00
25	电视机	上海	¥674,000.00	¥654,520.00	¥760,150.00	¥4,240,700.00

K34

2016年第一季度销量统计表

编号	产品名称	销售地区	1月	2月	3月	总销售额
1	洗衣机	河南	¥576,100.00	¥697,450.00	¥641,298.00	¥3,666,292.00
3	电视机	河南	¥724,453.00	¥613,710.00	¥867,000.00	¥4,412,600.00
8	冰箱	河南	¥532,789.00	¥526,740.00	¥685,000.00	¥3,548,370.00
12	微波炉	河南	¥520,000.00	¥597,000.00	¥590,100.00	¥3,859,410.00
19	空调	河南	¥534,260.00	¥764,200.00	¥583,010.00	¥4,647,200.00
23	电风扇	河南	¥621,400.00	¥710,000.00	¥641,370.00	¥2,818,900.00
		河南 汇总	¥3,509,002.00	¥3,909,100.00	¥4,007,778.00	¥22,952,772.00
5	电饭煲	江苏	¥694,092.00	¥511,070.00	¥552,450.00	¥2,997,269.00
9	微波炉	江苏	¥784,000.00	¥641,370.00	¥532,789.00	¥3,572,129.00
13	洗衣机	江苏	¥538,700.00	¥867,000.00	¥796,500.00	¥4,755,300.00
14	饮水机	江苏	¥743,000.00	¥569,500.00	¥511,070.00	¥4,289,220.00
17	冰箱	江苏	¥764,000.00	¥538,900.00	¥532,000.00	¥3,404,320.00
21	电视机	江苏	¥610,400.00	¥685,000.00	¥705,300.00	¥4,401,600.00
24	饮水机	江苏	¥601,400.00	¥583,010.00	¥621,400.00	¥3,650,910.00
		江苏 汇总	¥4,735,592.00	¥4,395,850.00	¥4,251,509.00	¥27,070,748.00
2	冰箱	上海	¥718,500.00	¥538,700.00	¥580,002.00	¥3,211,519.00
4	空调	上海	¥563,710.00	¥735,100.00	¥786,900.00	¥4,649,442.00
10	电饭煲	上海	¥699,010.00	¥601,400.00	¥429,138.00	¥3,323,670.00
15	电风扇	上海	¥798,420.00	¥471,049.00	¥654,500.00	¥3,186,150.00
20	饮水机	上海	¥782,607.00	¥598,360.00	¥478,000.00	¥4,172,507.00
22	洗衣机	上海	¥417,500.00	¥736,400.00	¥503,708.00	¥4,269,080.00
25	电视机	上海	¥674,000.00	¥654,520.00	¥760,150.00	¥4,240,700.00
		上海 汇总	¥4,653,747.00	¥4,335,529.00	¥4,192,398.00	¥27,053,068.00
6	空调	新疆	¥532,000.00	¥631,700.00	¥697,450.00	¥4,215,161.00
7	电风扇	新疆	¥641,298.00	¥732,730.00	¥810,900.00	¥2,871,648.00
11	电视机	新疆	¥610,500.00	¥710,700.00	¥679,000.00	¥4,057,613.00
16	微波炉	新疆	¥552,450.00	¥628,040.00	¥651,000.00	¥4,497,260.00
18	电饭煲	新疆	¥590,100.00	¥465,200.00	¥823,700.00	¥3,412,802.00
		新疆 汇总	¥2,926,348.00	¥3,168,370.00	¥3,662,050.00	¥19,054,484.00
		总计	¥15,824,689.00	¥15,808,849.00	¥16,113,735.00	¥96,131,072.00

图11.28 "产品销量统计表"样张

2. 制作销售人员业绩统计表,并对每一组的总销售额进行汇总分析,如图11.29所示。

N20

销售人员业绩统计表

员工编号	员工姓名	所属小组	第一季度	第二季度	第三季度	第四季度	总销售额	业绩排名
AS01	李成	第1组	¥99,500.00	¥76,000.00	¥87,000.00	¥304,150.00	¥59,500.00	24
AS02	许辉	第2组	¥72,500.00	¥85,000.00	¥73,000.00	¥326,100.00	¥76,000.00	20
AS03	李肖军	第4组	¥74,500.00	¥92,000.00	¥58,000.00	¥294,500.00	¥82,500.00	18
AS04	程晓丽	第1组	¥93,500.00	¥95,500.00	¥96,500.00	¥342,500.00	¥68,000.00	23
AS05	卢肖燕	第2组	¥60,500.00	¥99,500.00	¥98,000.00	¥279,000.00	¥81,000.00	19
AS06	马晓燕	第4组	¥71,500.00	¥73,000.00	¥89,500.00	¥353,000.00	¥75,000.00	21
AS07	黄艳霞	第2组	¥92,500.00	¥81,000.00	¥81,000.00	¥354,500.00	¥71,500.00	22
AS08	卢肖	第2组	¥71,000.00	¥61,000.00	¥96,500.00	¥345,500.00	¥97,500.00	17
AS09	李晓丽	第4组	¥75,500.00	¥61,000.00	¥58,000.00	¥326,500.00	¥294,500.00	11
AS10	刘大为	第3组	¥78,000.00	¥86,000.00	¥100,500.00	¥338,000.00	¥342,500.00	4
AS11	范俊逸	第3组	¥97,500.00	¥88,000.00	¥60,500.00	¥73,000.00	¥279,000.00	16
AS12	李诗诗	第1组	¥55,500.00	¥342,500.00	¥63,000.00	¥81,000.00	¥353,000.00	2
AS13	黄海生	第4组	¥71,000.00	¥279,000.00	¥92,500.00	¥61,000.00	¥354,500.00	1
AS14	李丽霞	第1组	¥59,500.00	¥353,000.00	¥99,500.00	¥73,000.00	¥345,500.00	3
AS15	李国明	第3组	¥76,000.00	¥354,500.00	¥73,000.00	¥81,000.00	¥326,500.00	7
AS16	潘艺	第2组	¥82,500.00	¥345,500.00	¥81,000.00	¥61,000.00	¥338,000.00	5
AS17	任建胜	第3组	¥68,000.00	¥326,500.00	¥61,000.00	¥61,000.00	¥284,500.00	14
AS18	王守信	第4组	¥81,000.00	¥338,000.00	¥61,000.00	¥86,000.00	¥298,000.00	10
AS19	李国明	第1组	¥75,000.00	¥284,500.00	¥86,000.00	¥88,000.00	¥292,500.00	12
AS20	潘艺	第2组	¥71,500.00	¥298,000.00	¥88,000.00	¥342,500.00	¥282,000.00	15
AS21	刘丽	第4组	¥97,500.00	¥292,500.00	¥72,000.00	¥279,000.00	¥338,000.00	5
AS22	刘志刚	第1组	¥86,500.00	¥282,000.00	¥67,500.00	¥353,000.00	¥290,000.00	13
AS23	赵鹏	第3组	¥75,500.00	¥338,000.00	¥87,000.00	¥354,500.00	¥319,500.00	9
AS24	杨丹	第3组	¥69,000.00	¥89,500.00	¥92,500.00	¥345,500.00	¥324,000.00	8

S31

销售人员业绩统计表

员工编号	员工姓名	所属小组	第一季度	第二季度	第三季度	第四季度	总销售额	业绩排名
AS01	李成	第1组	¥99,500.00	¥76,000.00	¥87,000.00	¥304,150.00	¥59,500.00	24
AS04	程晓丽	第1组	¥93,500.00	¥95,500.00	¥96,500.00	¥342,500.00	¥68,000.00	23
AS12	李诗诗	第1组	¥55,500.00	¥342,500.00	¥63,000.00	¥81,000.00	¥353,000.00	2
AS14	李丽霞	第1组	¥59,500.00	¥353,000.00	¥99,500.00	¥73,000.00	¥345,500.00	3
AS19	李国明	第1组	¥75,000.00	¥284,500.00	¥86,000.00	¥88,000.00	¥292,500.00	12
AS22	刘志刚	第1组	¥86,500.00	¥282,000.00	¥67,500.00	¥353,000.00	¥290,000.00	13
		第1组 汇总	¥469,500.00	¥1,433,500.00	¥499,500.00	¥1,241,650.00		
AS02	许辉	第2组	¥72,500.00	¥85,000.00	¥73,000.00	¥326,100.00	¥76,000.00	20
AS05	卢肖燕	第2组	¥60,500.00	¥99,500.00	¥98,000.00	¥279,000.00	¥81,000.00	19
AS07	黄艳霞	第2组	¥92,500.00	¥81,000.00	¥81,000.00	¥354,500.00	¥71,500.00	22
AS08	卢肖	第2组	¥71,000.00	¥61,000.00	¥96,500.00	¥345,500.00	¥97,500.00	17
AS16	潘艺	第2组	¥82,500.00	¥345,500.00	¥81,000.00	¥61,000.00	¥338,000.00	5
AS20	潘艺	第2组	¥71,500.00	¥298,000.00	¥88,000.00	¥342,500.00	¥282,000.00	15
		第2组 汇总	¥450,500.00	¥970,000.00	¥517,500.00	¥1,708,600.00		
AS10	刘大为	第3组	¥78,000.00	¥86,000.00	¥100,500.00	¥338,000.00	¥342,500.00	4
AS11	范俊逸	第3组	¥97,500.00	¥88,000.00	¥60,500.00	¥73,000.00	¥279,000.00	16
AS15	李国明	第3组	¥76,000.00	¥354,500.00	¥73,000.00	¥81,000.00	¥326,500.00	7
AS17	任建胜	第3组	¥68,000.00	¥326,500.00	¥61,000.00	¥61,000.00	¥284,500.00	14
AS23	赵鹏	第3组	¥75,500.00	¥338,000.00	¥87,000.00	¥354,500.00	¥319,500.00	9
AS24	杨丹	第3组	¥69,000.00	¥89,500.00	¥92,500.00	¥345,500.00	¥324,000.00	8
		第3组 汇总	¥464,000.00	¥1,282,500.00	¥474,500.00	¥1,253,000.00		
AS03	李肖军	第4组	¥74,500.00	¥92,000.00	¥58,000.00	¥294,500.00	¥82,500.00	18
AS06	马晓燕	第4组	¥71,500.00	¥73,000.00	¥89,500.00	¥353,000.00	¥75,000.00	21
AS09	李晓丽	第4组	¥75,500.00	¥61,000.00	¥58,000.00	¥326,500.00	¥294,500.00	11
AS13	黄海生	第4组	¥71,000.00	¥279,000.00	¥92,500.00	¥61,000.00	¥354,500.00	1
AS18	王守信	第4组	¥81,000.00	¥338,000.00	¥61,000.00	¥86,000.00	¥298,000.00	10
AS21	刘丽	第4组	¥97,500.00	¥292,500.00	¥72,000.00	¥279,000.00	¥338,000.00	5
		第4组 汇总	¥471,000.00	¥1,135,500.00	¥431,000.00	¥1,400,000.00		
		总计	¥1,855,000.00	¥4,821,500.00	¥1,922,500.00	¥5,603,250.00		

图11.29 "销售人员业绩统计表"样张

 项目小结

　　本项目通过"产品质量检验表""办公用品采购表""产品销量统计表""销售人员业绩统计表"等表格的制作,以及对表格中数据进行汇总分析,使读者学会数据的排序、数据分类汇总方法,以及单元格格式设置、利用条件格式来突出显示单元格数据等的方法。读者在学会项目案例制作的同时,能够将所学知识活学活用到实际工作和生活中。

项目十二

产品生产统计表的制作

 项目简介

公司在生产产品的过程中,为了更好地掌握消费者对各类产品的需求,通常需要对生产的产品数量进行统计和分析。本案例将制作某公司产品生产统计表(图 12.1),并采用柱形图对各车间产量进行分析,直观地反映出每一个生产车间在某一年中的生产总量。

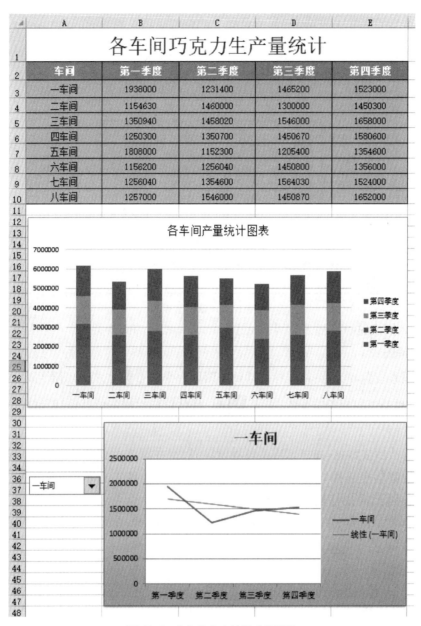

图 12.1 "产品生产统计表"样张

 知识点导入

1. 认识图表:如图 12.2 所示,任何一个图表都包含以下几个元素:

(1)图表区:放置图表及其他元素的大背景。

(2)绘图区:放置图表主体的背景。

(3)图例:图表中每个不同数据的标识。

(4)数据系列:源数据表中行或者列的数据。

其他还包括横坐标、纵坐标、图表标题等。

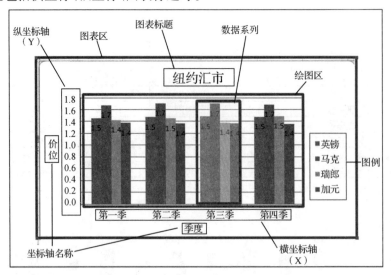

图 12.2　认识图表

2. 插入图表:执行【插入】→【图表】命令,选择相应的图表类型。

3. 编辑图表。

(1) 调整位置和大小:将鼠标移动到该图形上变成 ✥ 时,拖动图形可改变图形的位置;将鼠标移动到图片的四个角,变成 ↖ 时,按住鼠标左键不放并拖动,可以改变图片的大小。

(2) 修改图表数据:如果选错了数据源区域,可在图表中任意位置单击鼠标右键,在弹出的快捷菜单中选择"选择数据"命令来更改数据源的选择范围,或者执行【图表工具—设计】→【数据】→【选择数据】命令。

(3) 更改图表类型:在图表中任意位置单击鼠标右键,在弹出的快捷菜单中选择"更改图表类型"。

4. 美化图表。

(1) 添加、修改图表标题:执行【图表工具—布局】→【标签】→【图表标题】命令。

(2) 添加数据标签:执行【图表工具—布局】→【标签】→【数据标签】命令。

解决方案

▶▶ **任务 1　录入产品生产信息**

1. 启动 Excel 2016,新建空白工作簿。

2. 将新建的工作簿保存在桌面上,文件名为"产品生产统计表"。

3. 按照图 12.3 在工作簿中输入表格数据,并对其格式进行设置。

K19

	A	B	C	D	E
1	各车间巧克力生产量统计				
2					
3	一车间	1938000	1231400	1465200	1523000
4	二车间	1154630	1460000	1300000	1450300
5	三车间	1350940	1458020	1546000	1658000
6	四车间	1250300	1350700	1450670	1580600
7	五车间	1808000	1152300	1205400	1354600
8	六车间	1156200	1256040	1450800	1356000
9	七车间	1256040	1354600	1564030	1524000
10	八车间	1257000	1546000	1450870	1652000
11					

图 12.3　各车间巧克力生产量统计表

▶▶ 任务 2　美化表格

1. 设置标题为“宋体”“24”,所有文字居中对齐。

2. 设置表格所有列的列宽为“15”,行高为“21”。

3. 给 A2:E2 添加“紫色,个性色 4,淡色 40%”的底纹;给 A3:E10 单元格区域添加“橄榄色,个性色 3,淡色 40%”的底纹。

4. 给 A2:E10 单元格区域添加“所有框线”,制作完成后的效果如图 12.4 所示。

H17

	A	B	C	D	E
1	各车间巧克力生产量统计				
2	车间	第一季度	第二季度	第三季度	第四季度
3	一车间	1938000	1231400	1465200	1523000
4	二车间	1154630	1460000	1300000	1450300
5	三车间	1350940	1458020	1546000	1658000
6	四车间	1250300	1350700	1450670	1580600
7	五车间	1808000	1152300	1205400	1354600
8	六车间	1156200	1256040	1450800	1356000
9	七车间	1256040	1354600	1564030	1524000
10	八车间	1257000	1546000	1450870	1652000

图 12.4　美化后的表格

▶▶ 任务 3　创建堆积柱形图

1. 选择表格中 A2:E10 单元格区域,执行【插入】→【图表】→【推荐的图表】命令,打开“插入图表”对话框,然后单击“所有图表”选项卡,在左侧选择“柱形图”,在右侧选择“堆积柱形图”。

2. 选择插入的图表,将鼠标移动到该图形上变成 时,拖动图形至表格下方,并对其图表的大小进行调整。

3. 选择插入的图表,双击“图表标题”,并更改标题文字为“各车间产量统计图表”,

如图 12.5 所示。

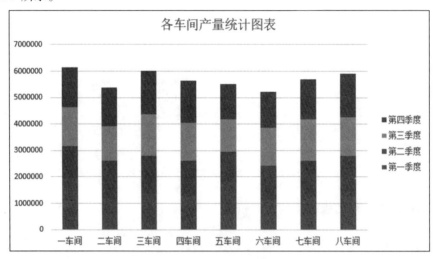

图 12.5　堆积圆柱图

4. 选择图表,执行【图表工具—格式】→【形状样式】命令,选择"细微效果-橄榄色,强调颜色 3"样式。设置形状样式后的图表如图 12.6 所示。

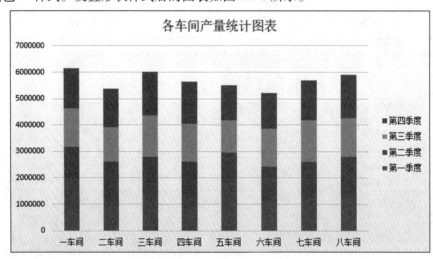

图 12.6　设置形状样式后的图表

▶▶ **任务 4　创建动态图表(选做)**

利用动态图表可以分别对各车间生产的产品产量进行分析。具体操作步骤如下:

1. 执行【文件】→【选项】命令,打开"Excel 选项"对话框,在左侧选择"自定义功能区"选项。

2. 在右侧的"自定义功能区"下拉列表中选择"主选项卡"选项,在下方的列表框中选中"开发工具"复选框,单击"确定"按钮,如图 12.7 所示。

图 12.7 "Excel 选项"对话框

3. 执行【开发工具】→【控件】→【插入】→【表单控件】→【组合框(窗体控件)】命令。

4. 拖动鼠标可以绘制组合框,然后选择组合框,单击鼠标右键,选择"设置控件格式"命令。

5. 打开"设置控件格式"对话框,选择"控制"选项卡,在"数据源区域"文本框中输入" $A$3:$E$10",在"单元格链接"文本框中输入" $A$35",然后单击"确定"按钮,如图 12.8 所示。

图 12.8 "设置控件格式"对话框　　　　**图 12.9 设置控件格式后的效果**

6. 单击"确定"按钮,返回工作表中,单击组合框右侧的下拉按钮,在弹出的下拉列表中选择某项后,A35 单元格中将显示对应的数字,如图 12.9 所示。

技能加油站

　　组合框是一个 Excel 表格中的下拉列表框,用户可以在获得的列表中选择项目,选择的项目将出现在上方的文本框中。执行【开发工具】→【控件】→【插入】→【组合框】命令,然后拖动鼠标可以绘制组合框。

　　7. 新建名称。

　　(1) 执行【公式】→【定义的名称】→【定义名称】命令,打开"新建名称"对话框,在"名称"中输入"车间生产量",在"引用位置"中输入" = OFFSET(Sheet1! $B$2:$E$2,Sheet1! $A$35,)",单击"确定"按钮,如图 12.10(a)所示。

　　(2) 执行【公式】→【定义的名称】→【定义名称】命令,打开"新建名称"对话框,在"名称"中输入"季度",在"引用位置"中输入" = OFFSET(Sheet1! $A$2,Sheet1! $A$35,)",单击"确定"按钮,如图 12.10(b)所示。

(a)　　　　　　　　　　　　　　　　(b)

图 12.10　"新建名称"对话框

 技能加油站

　　OFFSET 函数:以指定的单元格或相连单元格区域的引用为参照系,通过给定偏移量得到新的引用。格式如下:

　　　　= OFFSET(参照单元格,行偏移量,列偏移量,返回几行,返回几列)

　　8. 创建折线图。

　　(1) 选择任意一个空白单元格,执行【插入】→【图表】→【插入折线图或面积图】命令,在下拉列表中选择"折线图",在工作表中则插入一张空白的图表。

　　(2) 选择图表,执行【图表工具—设计】→【数据】→【选择数据】命令,打开"选择数据源"对话框,单击"添加"按钮。

　　(3) 打开"编辑数据系列"对话框,在"系列名称"文本框中输入" = Sheet1! 季度",在"系列值"文本框中输入" = Sheet1! 车间生产量"。

图 12.11 "编辑数据系列"对话框

（4）单击"确定"按钮，返回"选择数据源"对话框，在"水平（分类）轴标签"列表框中单击"编辑"按钮，打开"轴标签"对话框，在"轴标签区域"文本框中输入"=Sheet1！$B$2：$E$2"，然后单击"确定"按钮，如图 12.12 所示。

图 12.12 "轴标签"对话框

（5）返回"选择数据源"对话框，在"图表数据区域"文本框中显示了数据源范围，在"水平（分类）轴标签"列表框中显示了水平轴，单击"确定"按钮，如图 12.13 所示。

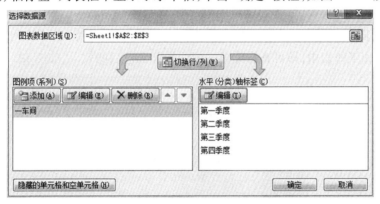

图 12.13 "选择数据源"对话框

（6）返回工作表中，在组合框下拉列表中选择"五车间"选项，图表中的数据也会随之变成五车间的产品生产量。将图表移到合适位置。

（7）选择动态图表，在"形状样式"列表框中为其应用"细微效果-紫色，强调颜色4"选项。

（8）选中 A35 单元格，执行【开始】→【单元格】→【格式】命令，在弹出的下拉列表中选择"隐藏和取消隐藏"下的"隐藏行"选项，即可将选择的单元格所在的行隐藏起来。最终效果如图 12.14 所示。

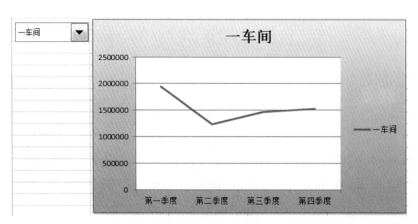

图12.14　折线图效果

▶▶ **任务5　为动态图表添加趋势线**

添加趋势线可以显示出数据系列的变化趋势,以便用户分析和预测。下面将为动态图表添加线性趋势线,以分析产品产量的增减趋势。

1. 选择动态图表,执行【图表工具—布局】→【分析】→【趋势线】命令,在弹出的下拉列表中选择"线性趋势线"选项。返回工作表中,即可查看为动态图表添加的趋势线。

2. 执行【图表工具—格式】→【形状样式】→【形状轮廓】命令,在下拉列表中选择"红色"选项。返回工作表中,即可查看设置区域线轮廓颜色后的效果,如图12.15所示。

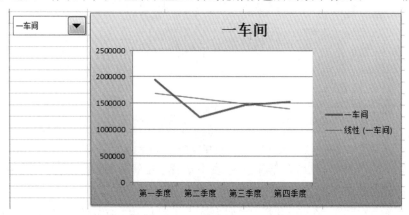

图12.15　添加趋势线后的效果

 技能加油站

通过"设置趋势线格式"对话框添加趋势线,不仅可以随意选择趋势线的类型,还可以对选择的趋势线的名称、前推后推周期、公式的显示和R平方值的显示进行设置。

拓展项目

制作如图 12.16 所示的员工税前工资与实际工资分析表。

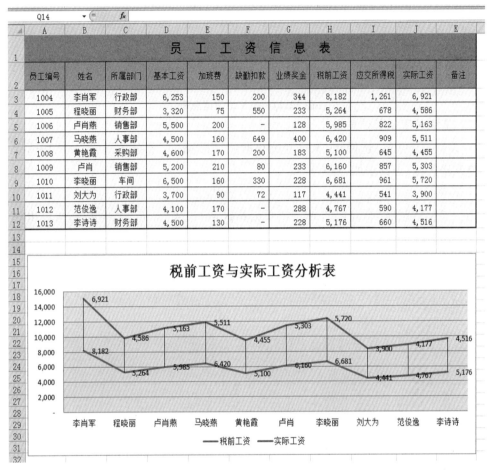

图 12.16 "税前工资与实际工资分析表"样张

一、创建员工工资信息表

下面通过输入文本、设置格式和添加边框等操作来创建"员工工资信息表"。具体操作步骤如下：

1. 录入文本信息：新建"员工工资信息表"工作簿，按照图 12.17 所示录入相应信息。

2. 适当调整单元格的宽度和高度。

图 12.17   员工工资信息表

二、美化员工工资信息表

1. 设置表格边框:选择 A1:K12 单元格区域,为其添加"粗外侧框线"。然后选择 A2:K12 单元格区域,为其添加"所有框线"。

2. 设置底纹。

(1)给标题区域(合并后的 A1:K1 单元格区域)设置"紫色,个性色4,淡色40%"的底纹。

(2)给表头区域(A2:K2 单元格区域)设置"R:255,G:153,B:204"的底纹。

(3)选择 A3:K12 单元格区域,为其设置"R:204,G:153,B:255"的底纹。美化后的表格如图 12.18 所示。

图 12.18   美化后的表格

三、创建折线图表

1. 选择"姓名"列(B2:B12 单元格区域)、"税前工资"列(H2:H12 单元格区域)和"实际工资"列(J2:J12 单元格区域)。

2. 执行【插入】→【图表】→【插入折线图或面积图】→【堆积折线图】命令。

3. 添加图表标题:在插入的折线图上双击"图表标题",修改图表标题为"税前工资与实际工资分析表"。

4. 调整图表大小,并将其移动到 A15:K32 单元格区域内,制作好后的效果如图12.19 所示。

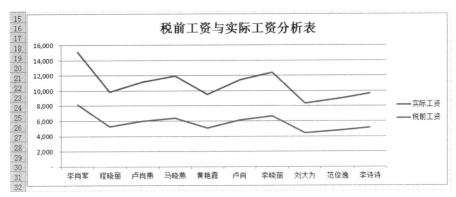

图 12.19 设置标题和位置后的折线图

5. 应用图表样式:选择图表,执行【图表工具—设计】→【图表布局】→【快速布局】→【布局9】命令。

6. 设置图表区填充效果。

（1）在图表上,选择绘图区,单击鼠标右键,在弹出的快捷菜单中选择"设置绘图区格式"命令,打开"设置绘图区格式"任务窗格,如图 12.20 所示。

图 12.20 "设置绘图区格式"任务窗格

（2）选择"纯色填充"单选按钮,在"颜色"中选择"蓝色,个性色1,淡色80%",设置后的效果如图 12.21 所示。

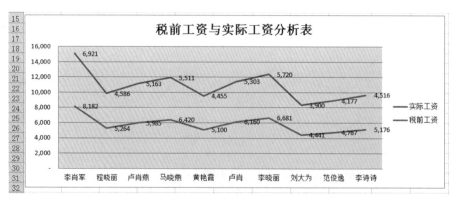

图 12.21 设置绘图区格式后的折线图

7. 添加分析线:选中图表,执行【图表工具—设计】→【图表布局】→【添加图表元素】命令,在下拉列表中选择"线条"中的"高低点连接线"。添加分析线后的图表如图 12.22 所示。

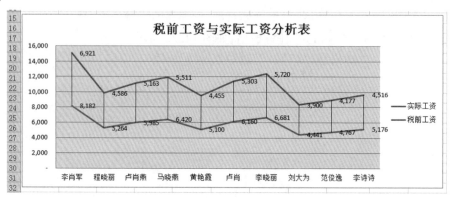

图 12.22 添加分析线后的图表

8. 设置图例位置:选中图表,执行【图表工具—设计】→【图表布局】→【添加图表元素】命令,在下拉列表中选择"图例"中的"底部"。最终效果如图 12.16 所示。

 课后练习

1. 制作员工年假信息表,并为员工姓名、工龄和年假天数建立簇状柱形图,为员工姓名及工资建立分离型三维饼图,如图 12.23 所示。

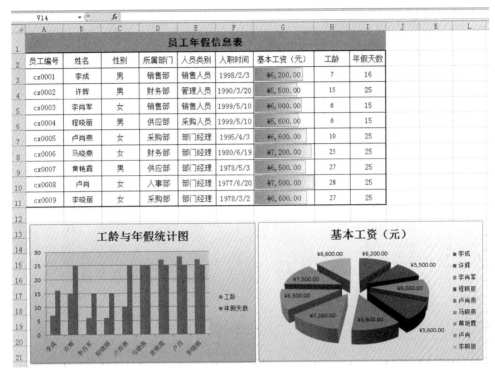

图 12.23　"员工年假信息表"样张

2. 根据公司股价分析表制作公司股价分析图。公司股价分析表如图 12.24 所示,公司股价分析图如图 12.25 所示。

日期	成交量	开盘	盘高	盘底	收盘
2016/1/4	34,740,000	69.81	72.63	69.69	70.50
2016/1/5	32,110,800	70.94	74.00	70.72	73.25
2016/1/6	34,509,600	74.75	75.75	73.38	75.63
2016/1/7	25,553,800	74.88	75.31	74.13	75.25
2016/1/8	25,093,600	76.09	76.38	73.50	74.94
2016/1/9	23,158,000	75.44	75.47	72.97	73.75
2016/1/10	28,820,000	74.06	74.06	70.50	71.09
2016/1/11	37,647,800	68.00	73.88	68.00	71.91
2016/1/12	29,550,000	72.63	72.78	70.75	70.88
2016/1/13	29,517,600	71.47	75.00	70.69	74.88
2016/1/14	50,546,000	75.69	77.88	75.44	77.81

公司股价分析表

图 12.24　公司股价分析表

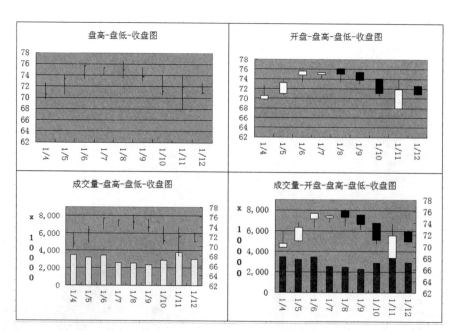

图 12.25 　"公司股价分析图"样张

 项目小结

　　本项目通过制作"产品生产统计表""税前工资与实际工资分析表""员工年假信息表""公司股价分析图"等,使读者学会创建动态图表和静态图表,调整图表位置和大小,修改图表数据,更改图表类型,添加、修改图表标题,添加数据标签,设置图表区域格式等的方法。读者在学会项目案例制作的同时,能够将所学知识活学活用到实际工作和生活中。

项目十三

员工请假表的制作

 项目简介

任何一个企业,对于员工请假都有各自的请假制度和考核制度,公司在统计绩效和年终奖的时候往往都会与请假天数直接相关。本案例将制作员工请假表,统计员工请假天数和是否使用年假,并使用自动筛选功能和高级筛选功能统计分析各部门员工请假情况,如图 13.1 所示。

K33

员工请假表

请假时间	工号	姓名	部门	假别	是否使用年假	请假天数	应扣工资
2021/4/15	000280	张静	销售部	事假	否	0.2	¥25
2021/4/2	000291	李小军	人事部	事假	否	1	¥150
2021/4/8	000203	吴汉东	财务部	病假		0.8	¥27
2021/4/9	000254	唐娟	人事部	婚假		0.6	¥0
2021/4/26	000088	张美丽	总经办	产假		10	¥0
2021/4/7	000227	李杰	总经办	事假	是	2	¥0
2021/4/9	000216	曾黎	总经办	事假	是	1.5	¥0
2021/4/29	000260	李涛	销售部	事假	否	5.8	¥1,276
2021/4/28	000293	张雄	销售部	年假		6	¥0
2021/4/19	000374	杨梅林	销售部	病假		2	¥47
2021/4/22	000226	孙立新	总经办	事假	否	0.5	¥50
2021/4/6	000318	黄丽	财务部	事假		2	¥80
2021/4/16	000217	王婷芳	总经办	事假	否	1.2	¥120
2021/4/15	000203	徐乐	总经办	事假	否	1	¥140
2021/4/19	000261	李兴民	销售部	病假		3	¥132

部门		是否使用年假	请假天数
总经办		否	>1

请假时间	工号	姓名	部门	假别	是否使用年假	请假天数	应扣工资
2021/4/16	000217	王婷芳	总经办	事假	否	1.2	¥120

L20

员工请假表

请假时间	工号	姓名	部门	假别	是否使用年假	请假天	应扣工
2021/4/26	000088	张美丽	总经办	产假		10	¥0
2021/4/9	000216	曾黎	总经办	事假	是	1.5	¥0
2021/4/22	000226	孙立新	总经办	事假	否	0.5	¥50
2021/4/16	000217	王婷芳	总经办	事假	否	1.2	¥120
2021/4/15	000203	徐乐	总经办	事假	否	1	¥140

图 13.1 "员工请假表"样张

 **知识点导入**

1. 自动筛选(固定条件):执行【开始】→【编辑】→【排序和筛选】命令,在下拉列表中选择"筛选",然后在相应的下拉列表中选择需要筛选的字段。

2. 自定义筛选:执行【开始】→【编辑】→【排序和筛选】命令,在下拉列表中选择"筛选",然后在相应的下拉列表中选择"数字筛选"下的"自定义筛选",在打开的"自定义筛选方式"对话框中输入相应的筛选条件。

3. 取消自动筛选:执行【开始】→【编辑】→【排序和筛选】命令,在下拉列表中选择"筛选",所有表头的下拉列表消失。

4. 高级筛选:执行【数据】→【排序和筛选】→【高级】命令,打开"高级筛选"对话框,选择列表区域和条件区域(需要提前输入好筛选条件)。

5. 高级筛选条件设置技巧。

(1) 若不同字段两个条件为"与"的关系,则条件在同一行。

(2) 若相同字段两个条件为"与"的关系,则列出两个相同字段名,条件也是在同一行。

(3) 若不同字段两个条件为"或"的关系,条件在不同行。

(4) 若相同字段两个条件为"或"的关系,条件在同一列。

解决方案

▶▶ **任务1　创建员工请假表**

1. 新建工作簿。

(1) 启动 Excel 2016,新建空白工作簿。

(2) 将新建的工作簿保存在桌面上,文件名为"员工请假表"。

2. 输入员工请假信息。

(1) 将 A1:H1 单元格区域合并后居中,输入标题"员工请假表"。

(2) 设置标题的格式为"楷体""加粗""20"。

(3) 按照图 13.2 所示在单元格中录入相应信息。

图 13.2　录入员工请假信息

3. 美化表格。

（1）选择合并后的 A1∶H1 单元格区域,执行【开始】→【字体】→【填充颜色】命令,在下拉列表中选择"其他颜色",在打开的对话框中选择"自定义",输入"R∶255,G∶255,B∶153"。

（2）按照同样的方法,给 A2∶H2 单元格区域添加"R∶255,G∶153,B∶0"的底纹。

（3）选择 A3∶H17 单元格区域,执行【开始】→【字体】→【下框线】命令,在下拉列表中选择"所有框线"。

美化后的表格如图 13.3 所示。

图 13.3　美化后的表格

▶▶ 任务2　使用自动筛选

下面将在员工请假表中使用自动筛选方法筛选出请假天数大于5或者小于2的总经办的员工信息。具体操作步骤如下：

1. 单击表格中任意有效单元格，执行【开始】→【编辑】→【排序和筛选】命令，在下拉列表中选择"筛选"，此时表格的表头区域都多了一个下拉列表。

2. 单击"请假天数"右侧的下拉箭头，选择"数字筛选"下的"自定义筛选"，弹出"自定义自动筛选方式"对话框，在对话框中输入两个筛选条件：大于5或小于2，如图13.4所示。

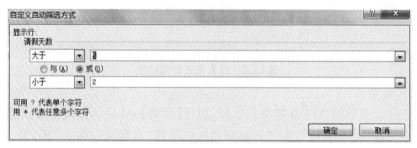

图13.4　"自定义自动筛选方式"对话框

 技能加油站

若筛选部分为文本格式内容，在下拉列表中选择"文本筛选"下的"自定义筛选"，可以筛选出文本格式内容。

3. 单击"确定"按钮，返回工作表中，即可看到筛选结果，如图13.5所示。

	A	B	C	D	E	F	G	H
1	员工请假表							
2	请假时间	工号	姓名	部门	假别	是否使用年假	请假天	应扣工
3	2021/4/15	000280	张静	销售部	事假	否	0.2	¥25
4	2021/4/2	000291	李小军	人事部	事假	否	1	¥150
5	2021/4/8	000203	吴汉东	财务部	病假		0.8	¥27
6	2021/4/9	000254	唐娟	人事部	婚假		0.6	¥0
7	2021/4/26	000088	张美丽	总经办	产假		10	¥0
9	2021/4/9	000216	曾黎	总经办	事假	是	1.5	¥0
10	2021/4/29	000260	李涛	销售部	事假	否	5.8	¥1,276
11	2021/4/28	000293	张雄	销售部	年假		6	¥0
13	2021/4/22	000226	孙立新	总经办	事假	否	0.5	¥50
15	2021/4/16	000217	王婷芳	总经办	事假	否	1.2	¥120
16	2021/4/15	000203	徐乐	总经办	事假	否	1	¥140

图13.5　请假天数筛选结果

4. 单击"部门"右侧的下拉箭头，取消选中"全选"复选框，选中"总经办"复选框。筛选结果如图13.6所示。

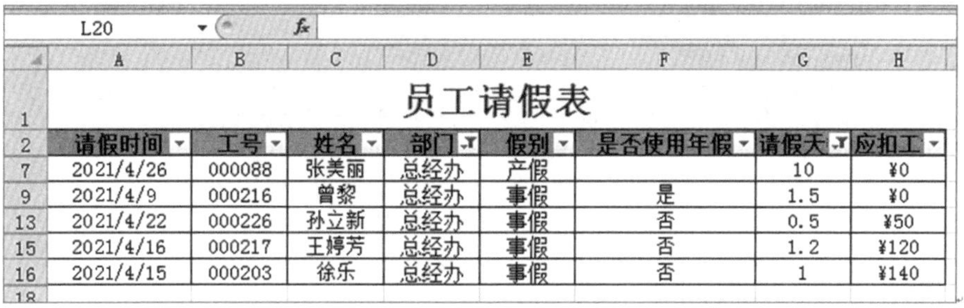

图 13.6　自动筛选结果

5. 将筛选结果另存为"员工请假表—自定义筛选. xlsx"。

▶▶ **任务 3　使用高级筛选**

除了自动筛选外,还有一种筛选方法叫作高级筛选。高级筛选适用于条件较复杂的筛选操作。高级筛选的结果既可以在原数据表格中显示,也可以在新的位置显示,原表格数据完整保留,这样更加便于数据对比。下面将利用高级筛选方法,在"员工请假表"中筛选出总经办部门中没有使用年假的且请假天数超过 1 天的记录。具体操作方法如下:

1. 打开任务 1 中创建好的"员工请假表"。

2. 在 D20:G21 单元格区域输入如下条件信息:

部门		是否使用年假	请假天数
总经办		否	>1

3. 执行【数据】→【排序和筛选】→【高级】命令,打开"高级筛选"对话框,如图 13.7(a)所示。

4. 设置高级筛选选项。

(1) 在"高级筛选"对话框中的"方式"中选中"将筛选结果复制到其他位置"单选按钮,如图 13.7(b)所示。

(2) 单击"列表区域"右侧的 ，选择表中 A2:H17 单元格区域,此时"列表区域"文本框中显示" $A $2: $H $17",或者直接在"列表区域"文本框中输入" $A $2: $H $17"。

(3) 单击"条件区域"右侧的 ，选择表中 D20:G21 单元格区域,此时"条件区域"文本框中显示" $D $20: $G $21",或者直接在"条件区域"文本框中输入" $D $20: $G $21"。

(4) 单击"复制到"右侧的 ，选择表中 A23:H23 单元格区域,此时"复制到"文本框中显示" $A $23: $H $23",或者直接在"复制到"文本框中输入" $A $23: $H $23"。

（a）　　　　　　　　　　　　（b）

图 13.7　"高级筛选"对话框

5. 设置好高级筛选选项后,单击"确定"按钮,返回工作表中。筛选结果如图 13.8 所示。

	A	B	C	D	E	F	G	H
1				员工请假表				
2	请假时间	工号	姓名	部门	假别	是否使用年假	请假天数	应扣工资
3	2021/4/15	000280	张静	销售部	事假	否	0.2	¥25
4	2021/4/2	000291	李小军	人事部	事假	否	1	¥150
5	2021/4/8	000203	吴汉东	财务部	病假		0.8	¥27
6	2021/4/9	000254	唐娟	人事部	婚假		0.6	¥0
7	2021/4/26	000088	张美丽	总经办	产假		10	¥0
8	2021/4/7	000227	李杰	总经办	事假	是	2	¥0
9	2021/4/9	000216	曾黎	总经办	事假	是	1.5	¥0
10	2021/4/29	000260	李涛	销售部	事假	否	5.8	¥1,276
11	2021/4/28	000293	张雄	销售部	年假		6	¥0
12	2021/4/19	000374	杨梅林	销售部	病假		2	¥47
13	2021/4/22	000226	孙立新	总经办	事假	否	0.5	¥50
14	2021/4/6	000318	黄丽	财务部	病假		2	¥80
15	2021/4/16	000217	王婷芳	总经办	事假	否	1.2	¥120
16	2021/4/15	000203	徐乐	总经办	事假	否	1	¥140
17	2021/4/19	000261	李兴民	销售部	病假		3	¥132
18								
19								
20				部门		是否使用年假	请假天数	
21				总经办		否	>1	
22								
23	请假时间	工号	姓名	部门	假别	是否使用年假	请假天数	应扣工资
24	2021/4/16	000217	王婷芳	总经办	事假	否	1.2	¥120
25								
26								

图 13.8　高级筛选结果

拓展项目

利用"绩效考核表"可对员工在工作过程中表现出来的工作业绩、工作能力、工作态度以及个人品德等进行评价,并用之判断员工与岗位的要求是否相称。

本案例将制作"绩效考核表",并从"绩效考核表"中筛选出"优良评定"为"差"的"销售专员"记录,如图 13.9 所示。

绩效考核表

员工编号	姓名	职务	假勤考评	工作能力	工作表现	奖惩记录	绩效总分	优良评定	年终奖（元）	核定人
c001	高鹏	销售专员	27.0	33.1	33.4	5	98.5	差	2000	
c002	何勇	销售业务员	29.2	33.6	34.3	5	102.1	良	4000	
c003	刘一守	销售业务员	29.2	33.6	33.9	5	101.7	良	4000	
c004	韩风	销售业务员	29.4	33.9	35.2	6	104.5	良	4000	
c005	曾琳	销售专员	29.1	35.7	35.3	5	105.0	优	6000	
c006	李雪	销售专员	29.3	35.2	35.3	5	104.8	良	4000	
c007	朱珠	销售专员	28.9	32.7	32.9	5	99.5	差	2000	
c008	王剑锋	销售专员	25.5	33.8	34.9	5	99.1	差	2000	
c009	张保国	销售专员	29.6	34.5	34.5	5	103.6	良	4000	
c010	谢宇	销售代表	28.7	32.9	31.9	5	98.5	差	2000	
c011	徐江	销售专员	29.0	34.3	34.4	5	102.7	良	4000	
c012	林冰	销售专员	29.3	35.6	35.0	8	107.9	优	6000	
c013	陈涓涓	销售主管	26.0	33.8	34.4	5	99.1	差	2000	
c014	孔杰	销售专员	28.5	34.9	34.6	5	103.0	良	4000	
c015	陈亮	销售专员	29.0	33.8	34.3	5	102.1	良	4000	
c016	李齐	销售代表	29.1	34.5	33.7	5	102.4	良	4000	
c017	于晓峰	销售专员	29.3	34.2	34.2	6	103.6	良	4000	

职务		优良评定
销售专员		差

员工编号	姓名	职务	假勤考评	工作能力	工作表现	奖惩记录	绩效总分	优良评定	年终奖（元）	核定人
c001	高鹏	销售专员	27.0	33.1	33.4	5	98.5	差	2000	
c007	朱珠	销售专员	28.9	32.7	32.9	5	99.5	差	2000	
c008	王剑锋	销售专员	25.5	33.8	34.9	5	99.1	差	2000	

图 13.9 "绩效考核表"样张及筛选结果

一、制作绩效考核表

下面通过输入文本、设置格式和添加边框等操作来创建"绩效考核表"。具体操作步骤如下：

1. 录入文本信息：新建"绩效考核表"工作簿，按照图 13.10 所示录入相应信息。

2. 合并 A1:K1 单元格区域，设置标题为"宋体""24""居中"。

3. 适当调整单元格的宽度和高度。

4. 设置边框和底纹。

（1）选择 A2:K2 单元格区域，执行【开始】→【字体】→【填充颜色】命令，在下拉列表中选择"浅绿"。

（2）选择 A1:K19 单元格区域，执行【开始】→【字体】→【下框线】命令，在下拉列表中选择"所有框线"。

（3）选择 A1:K19 单元格区域，执行【开始】→【字体】→【下框线】命令，在下拉列表中选择"粗外侧框线"。

设置好后的效果如图 13.10 所示。

P13		▼		*fx*							
	A	B	C	D	E	F	G	H	I	J	K

绩效考核表

员工编号	姓名	职务	假勤考评	工作能力	工作表现	奖惩记录	绩效总分	优良评定	年终奖	核定人
c001	高鹏	销售专员	27.0	33.1	33.4	5	98.5	差	2000	
c002	何勇	销售业务员	29.2	33.6	34.3	5	102.1	良	4000	
c003	刘一宁	销售业务员	29.2	33.6	33.9	5	101.7	良	4000	
c004	韩风	销售业务员	29.4	33.9	35.2	6	104.5	良	4000	
c005	曾琳	销售专员	29.1	35.7	35.3	5	105.0	优	6000	
c006	李雪	销售专员	29.3	35.2	35.3	5	104.8	良	4000	
c007	朱珠	销售专员	28.9	32.7	32.9	5	99.5	差	2000	
c008	王剑锋	销售专员	25.5	33.8	34.9	5	99.1	差	2000	
c009	张保国	销售专员	29.6	34.5	34.5	5	103.6	良	4000	
c010	谢宇	销售代表	28.7	32.9	31.9	5	98.5	差	2000	
c011	徐江	销售专员	29.0	34.3	34.4	5	102.7	良	4000	
c012	林冰	销售专员	29.3	35.6	35.0	8	107.9	优	6000	
c013	陈涓涓	销售主管	26.0	33.8	34.4	5	99.1	差	2000	
c014	孔杰	销售专员	28.5	34.9	34.6	5	103.0	良	4000	
c015	陈亮	销售专员	29.0	33.8	34.3	5	102.1	良	4000	
c016	李齐	销售代表	29.1	34.5	33.7	5	102.4	良	4000	
c017	于晓峰	销售专员	29.3	34.2	34.2	6	103.6	良	4000	

图 13.10　创建绩效考核表

二、使用高级筛选筛选数据

接下来需要从"绩效考核表"中筛选出"优良评定"为"差"的"销售专员"记录。具体操作方法如下：

1. 设置筛选条件：在 B23:D24 单元格区域输入如下条件。

职务		优良评定
销售专员		差

2. 执行【数据】→【排序和筛选】→【高级】命令，打开"高级筛选"对话框。

3. 设置高级筛选选项。

（1）在"高级筛选"对话框中的"方式"中选中"将筛选结果复制到其他位置"单选按钮。

（2）单击"列表区域"右侧的 ，选择表中 A2：K19 单元格区域，此时"列表区域"文本框中显示"＄A＄2：＄K＄19"，或者直接在"列表区域"文本框中输入"＄A＄2：＄K＄19"。

（3）单击"条件区域"右侧的 ，选择表中 B23:D24 单元格区域，此时"条件区域"文本框中显示"＄B＄23：＄D＄24"，或者直接在"条件区域"文本框中输入"＄B＄23：＄D＄24"。

（4）单击"复制到"右侧的 ，选择表中 A27：

图 13.11　设置高级筛选选项

K27 单元格区域，此时"复制到"文本框中显示"＄A＄27：＄K＄27"，或者直接在"复制到"文本框中输入"＄A＄27：＄K＄27"。

4. 设置好高级筛选选项后,单击"确定"按钮,返回工作表中。筛选结果如图 13.12 所示。

22										
23		职务		优良评定						
24		销售专员		差						
25										
26										
27	员工编号	姓名	职务	假勤考评	工作能力	工作表现	奖惩记录	绩效总分	优良评定	年终奖金(元)	核定人
28	c001	高鹏	销售专员	27.0	33.1	33.4	5	98.5	差	2000	
29	c007	朱珠	销售专员	28.9	32.7	32.9	5	99.5	差	2000	
30	c008	王剑锋	销售专员	25.5	33.8	34.9	5	99.1	差	2000	
31										

图 13.12　高级筛选结果

 课后练习

1. 按照图 13.13 所示制作"产品入库表",并从表中筛选出单价在 20 元到 60 元之间、供应商为"耀华纸巾"的入库记录信息,筛选结果如图 13.14 所示。

	A	B	C	D	E	F	G	H
1	产品入库表							
2	入库单编号	入库日期	产品代码	产品名称	数量	单价	金额	供应商名称
3	401-001	2021/1/20	xy-1004	茶语双层软抽	100	¥45.00	¥4,500.00	耀华纸巾
4	401-002	2021/1/20	xy-1018	两粒装厨房卷纸	207	¥51.80	¥10,722.60	微微纸巾
5	401-003	2021/1/20	xy-1007	婴用型三层压花抽纸	89	¥18.90	¥1,682.10	微微纸巾
6	401-004	2021/1/20	xy-1012	DT200面巾纸	118	¥68.00	¥8,024.00	欣欣纸巾
7	401-005	2021/1/20	xy-1010	薰衣草特柔三层卷纸	150	¥38.00	¥5,700.00	欣欣纸巾
8	401-006	2021/1/20	xy-1021	特柔三层卷纸	314	¥27.00	¥8,478.00	微微纸巾
9	401-007	2021/1/20	xy-1022	田园系列面巾纸	280	¥13.00	¥3,640.00	微微纸巾
10	401-008	2021/1/20	xy-1008	两粒装厨房纸巾	75	¥11.80	¥885.00	耀华纸巾
11	401-009	2021/1/20	xy-1002	茶香三层手帕纸	50	¥18.00	¥900.00	耀华纸巾
12	401-010	2021/1/20	xy-1016	冬己系列盒装面巾纸	200	¥28.00	¥5,600.00	耀华纸巾
13	401-011	2021/1/20	xy-1009	茶语舒简纸	250	¥34.50	¥8,625.00	耀华纸巾
14	401-012	2021/1/20	xy-1001	田园舒氧抽纸	300	¥24.80	¥7,440.00	微微纸巾
15	401-013	2021/1/20	xy-1011	特柔三层卫生卷简纸	160	¥33.00	¥5,280.00	微微纸巾
16	401-014	2021/1/20	xy-1017	迷你型三层加厚手帕纸	150	¥7.90	¥1,185.00	微微纸巾
17	401-015	2021/1/20	xy-1014	薰衣草盒装抽纸	200	¥12.70	¥2,540.00	微微纸巾
18	401-016	2021/1/20	xy-1013	玫瑰香二层迷你型手帕纸	350	¥18.60	¥6,510.00	欣欣纸巾
19	401-017	2021/1/20	xy-1020	茶语柔湿独立装	230	¥57.00	¥13,110.00	欣欣纸巾
20	401-018	2021/1/20	xy-1006	手口皮肤清洁 抑菌卫生湿巾	180	¥26.00	¥4,680.00	欣欣纸巾
21	401-019	2021/1/20	xy-1019	婴儿湿巾	350	¥26.90	¥9,415.00	欣欣纸巾
22	401-020	2021/1/20	xy-1003	特柔三层妇婴用纸	100	¥29.80	¥2,980.00	耀华纸巾
23	401-021	2021/1/20	xy-1023	优选系列婴用纸	50	¥30.90	¥1,545.00	欣欣纸巾
24	401-022	2021/1/20	xy-1005	优选系列塑装抽纸	50	¥11.50	¥575.00	欣欣纸巾
25	401-023	2021/1/20	xy-1015	厨房餐具用去油污湿纸	250	¥29.90	¥7,475.00	耀华纸巾
26								

图 13.13　"产品入库表"样张

产品入库表

入库单编号	入库日期	产品代码	产品名称	数量	单价	金额	供应商名称
401-001	2021/1/20	xy-1004	茶语双层软抽	100	¥45.00	¥4,500.00	耀华纸巾
401-010	2021/1/20	xy-1016	冬己系列盒装面巾纸	200	¥28.00	¥5,600.00	耀华纸巾
401-011	2021/1/20	xy-1009	茶语卷筒纸	250	¥34.50	¥8,625.00	耀华纸巾
401-019	2021/1/20	xy-1019	婴儿柔湿巾	350	¥26.90	¥9,415.00	耀华纸巾
401-020	2021/1/20	xy-1003	特柔三层妇婴用纸	100	¥29.80	¥2,980.00	耀华纸巾
401-023	2021/1/20	xy-1015	厨房餐具用去油污湿纸	250	¥29.90	¥7,475.00	耀华纸巾

图 13.14　筛选结果

2. 按照图 13.15 所示效果制作"员工档案表",并利用高级筛选从表中筛选出 2012 年以前入职、学历为本科且档案已调转的员工信息。筛选结果如图 13.15 所示。

员工档案表

员工编号	姓名	性别	年龄	身份证号码	学历	进入公司时间	联系方式	户口所在地	档案调转
HA-01	张芳	女	24	51372119890718××××	大专	2011年3月16日	1368852××××	巴中	已调转
HA-02	李月碧	女	27	51372119860219××××	本科	2009年7月8日	1832794××××	巴中	已调转
HA-03	张辰	男	22	51112219900316××××	大专	2015年3月12日	1350226××××	眉山	已调转
HA-04	刘鑫	女	24	50021319880412××××	本科	2009年6月5日	1582178××××	重庆	已调转
HA-05	王岚	女	22	52011319900312××××	本科	2014年2月4日	1501287××××	贵州	未调转
HA-06	张丹	女	25	12010419870512××××	大专	2009年3月2日	1861799××××	天津	未调转
HA-06	赵丽	女	23	22010219890710××××	大专	2014年4月8日	1835886××××	吉林	未调转
HA-08	吴勇	男	26	51092519860309××××	大专	2008年6月4日	1368284××××	重庆	已调转
HA-09	杨丹	女	20	51152119920309××××	大专	2015年5月6日	1392854××××	宜宾	已调转
HA-10	李芸	女	23	51302419890309××××	本科	2012年6月18日	1836954××××	达州	已调转
HA-11	章程	男	25	53010319870309××××	本科	2015年8月20日	1583834××××	云南	已调转
HA-12	付强	男	22	51012219900513××××	高中	2010年9月2日	1302448××××	成都	已调转
HA-13	陈浩	男	24	50021419880406××××	本科	2011年5月8日	1361417××××	重庆	已调转
HA-14	吴昊	男	26	51312119860412××××	本科	2009年5月8日	1341879××××	成都	已调转
HA-15	刘伶	女	22	51090319900315××××	本科	2012年4月8日	1388197××××	遂宁	已调转
HA-17	张红	女	26	44010019860413××××	高中	2008年5月6日	1572387××××	广州	未调转
HA-18	杨艳玲	女	24	51382019901105××××	本科	2014年5月6日	1580069××××	眉山	已调转
HA-19	向雅	女	24	51020019880412××××	本科	2009年4月9日	1853539××××	成都	已调转
HA-20	吴梅	女	24	51021319880819××××	高中	2009年5月10日	1368783××××	成都	已调转
HA-21	彭佳	男	27	51372119860724××××	本科	2010年7月8日	1471860××××	巴中	已调转
HA-22	吴玲	女	24	51062319860218××××	本科	2015年2月15日	1871418××××	德阳	已调转

				学历	进入公司时间	档案调转
				本科	<2012/1/1	已调转

员工编号	姓名	性别	年龄	身份证号码	学历	进入公司时间	联系方式	户口所在地	档案调转
HA-02	李月碧	女	27	51372119860219××××	本科	2009年7月8日	1832794××××	巴中	已调转
HA-04	刘鑫	女	24	50021319880412××××	本科	2009年6月5日	1582178××××	重庆	已调转
HA-13	陈浩	男	24	50021419880406××××	本科	2011年5月8日	1361417××××	重庆	已调转
HA-19	向雅	女	24	51020019880412××××	本科	2009年4月9日	1853539××××	成都	已调转
HA-21	彭佳	男	27	51372119860724××××	本科	2010年7月8日	1471860××××	巴中	已调转

图 13.15　"员工档案表"样张及筛选结果

 项目小结

本项目通过制作"员工请假表""绩效考核表""产品入库表""员工档案表"等,使读者学会使用 Excel 2016 的自动筛选和高级筛选来筛选出符合条件的记录,并对数据进行分析统计,掌握自动筛选中的数字筛选或文本筛选下的自定义筛选方法,学会高级筛选复杂条件的书写方式,能够灵活应用数据筛选筛选出满足不同条件的记录。读者在学会项目案例制作的同时,能够将所学知识活学活用到实际工作和生活中。

项目十四

产品销量统计表的制作

 项目简介

产品销量分析主要用于衡量和评估经理人员所制定的计划销售目标与实际销售之间的关系。针对同一市场不同品牌产品的销售差异分析,主要是为企业的销售策略提供建议和参考。针对不同市场的同一品牌产品的销售差异分析,主要是为企业的市场策略提供建议和参考。数据透视表是交互式报表,可快速合并和比较大量数据。本案例将制作产品销量统计表,并采用数据透视表和数据透视图来统计分析产品销量数据。产品销量统计表的效果图如图 14.1 所示。

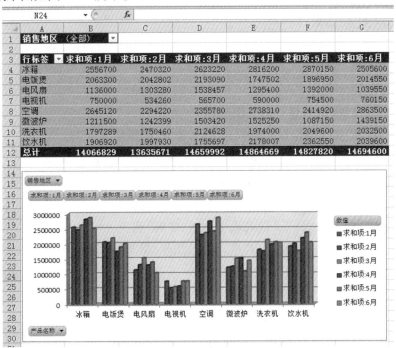

图 14.1 "产品销量统计表"样张

知识点导入

1. 创建数据透视表:执行【插入】→【表格】→【数据透视表】命令,选择透视表的位置。

2. 移动数据透视表:执行【数据透视表工具—分析】→【操作】→【移动数据透视表】命令,在弹出的对话框中设置数据透视表的位置。

3. 添加字段到报表中。

数据透视表字段列表中的四个区域分别如下:

(1) 报表筛选:添加字段到报表筛选区,可以使该字段包含在数据透视表的筛选区域中,以便对其独特的数据项进行筛选。

(2) 列标签:添加一个字段到列标签区域,可以在数据透视表顶部显示来自该字段的独特值。

(3) 行标签:添加一个字段到行标签区域,可以沿数据透视表左边的整个区域显示来自该字段的独特值。

(4) 数值:添加一个字段"数值"区域,可以使该字段包含在数据透视表的值区域中,并使用该字段中的值进行指定的计算。

4. 从透视表中删除字段:在布局区域中,单击要删除的字段,然后单击"删除字段"。

5. 修改数据透视表的样式:执行【数据透视表工具—设计】→【数据透视表样式】命令。

解决方案

▶▶ **任务1　录入产品生产信息**

1. 启动 Excel 2016,新建空白工作簿。

2. 将新建的工作簿保存在桌面上,文件名为"产品销量统计表"。

3. 然后在工作表中输入工作表标题和表字段,并对其进行相应的设置。

4. 设置数据验证。

(1) 选择 C2:C24 单元格区域,执行【数据】→【数据工具】→【数据验证】命令,打开"数据验证"对话框,在"允许"下拉列表中选择"序列"选项。

(2) 在"来源"文本框中输入"北京,重庆,江苏,黑龙江",如图 14.2 所示,然后单击"确定"按钮。

5. 录入销售统计信息。

(1) 按照图 14.3 所示在表格中输入相应的数据内容。

(2) 选择 J3 单元格,在编辑栏中输入公式" = SUM(D3:I3)",使用填充柄计算出 J4:J24 单元格区域中的"总销售额"列数据。

（3）对其字体格式、数字格式和单元格格式进行相应的设置。

图 14.2　设置数据验证

编号	产品名称	销售地区	1月	2月	3月	4月	5月	6月	总销售额
\multicolumn{10}{c}{某电器公司2016年上半年销量统计表}
1	洗衣机	北京	¥532,789.00	¥524,700.00	¥641,298.00	¥635,000.00	¥605,500.00	¥675,000.00	¥2,556,798.00
2	饮水机	重庆	¥498,000.00	¥652,370.00	¥427,107.00	¥835,000.00	¥833,050.00	¥697,600.00	¥2,792,757.00
3	电风扇	黑龙江	¥718,500.00	¥648,760.00	¥782,607.00	¥687,000.00	¥717,000.00	¥650,000.00	¥2,836,607.00
4	微波炉	黑龙江	¥590,100.00	¥771,350.00	¥763,500.00	¥765,100.00	¥389,550.00	¥635,000.00	¥2,553,150.00
5	冰箱	重庆	¥796,500.00	¥479,720.00	¥552,450.00	¥663,000.00	¥804,150.00	¥835,000.00	¥2,854,600.00
6	电饭煲	江苏	¥674,000.00	¥735,000.00	¥803,020.00	¥604,500.00	¥506,150.00	¥687,000.00	¥2,600,620.00
7	空调	北京	¥492,500.00	¥514,750.00	¥497,500.00	¥672,000.00	¥494,500.00	¥765,100.00	¥2,429,100.00
8	饮水机	重庆	¥798,420.00	¥647,040.00	¥693,590.00	¥725,000.00	¥842,500.00	¥663,000.00	¥2,924,090.00
9	洗衣机	北京	¥532,000.00	¥594,060.00	¥648,330.00	¥654,000.00	¥679,000.00	¥604,500.00	¥2,585,830.00
10	冰箱	江苏	¥510,700.00	¥628,040.00	¥708,770.00	¥875,400.00	¥753,000.00	¥410,000.00	¥2,747,170.00
11	电视机	重庆	¥750,000.00	¥534,260.00	¥565,700.00	¥590,000.00	¥754,500.00	¥760,150.00	¥2,670,350.00
12	空调	江苏	¥694,200.00	¥732,730.00	¥564,930.00	¥658,000.00	¥345,500.00	¥538,900.00	¥2,107,330.00
13	电饭煲	黑龙江	¥705,300.00	¥694,092.00	¥692,470.00	¥563,000.00	¥755,850.00	¥833,050.00	¥2,844,370.00
14	空调	北京	¥715,420.00	¥526,740.00	¥643,350.00	¥597,410.00	¥739,920.00	¥717,000.00	¥2,697,680.00
15	电风扇	重庆	¥417,500.00	¥654,520.00	¥755,850.00	¥608,400.00	¥675,000.00	¥389,550.00	¥2,428,800.00
16	微波炉	黑龙江	¥621,400.00	¥471,049.00	¥739,920.00	¥760,150.00	¥697,600.00	¥804,150.00	¥3,001,820.00
17	冰箱	黑龙江	¥675,000.00	¥598,360.00	¥675,000.00	¥538,900.00	¥650,000.00	¥506,150.00	¥2,370,000.00
18	电饭煲	江苏	¥684,000.00	¥613,710.00	¥697,600.00	¥580,002.00	¥635,000.00	¥494,500.00	¥2,407,102.00
19	空调	江苏	¥743,000.00	¥520,000.00	¥650,000.00	¥810,900.00	¥835,000.00	¥842,500.00	¥3,138,400.00
20	饮水机	重庆	¥610,500.00	¥698,520.00	¥635,000.00	¥618,007.00	¥687,000.00	¥679,000.00	¥2,619,007.00
21	洗衣机	黑龙江	¥732,500.00	¥631,700.00	¥835,000.00	¥685,000.00	¥765,100.00	¥753,000.00	¥3,038,100.00
22	冰箱	江苏	¥574,500.00	¥764,200.00	¥687,000.00	¥738,900.00	¥663,000.00	¥754,500.00	¥2,843,400.00

图 14.3　销售统计表

▶▶ 任务 2　创建数据透视表

下面将通过创建的数据透视表来按销售地区统计产品的销量。

1. 插入数据透视表。

选择 A2:I24 单元格区域,执行【插入】→【表格】→【数据透视表】命令,打开"创建数据透视表"对话框,选中"选择放置数据透视表的位置"栏中的"新工作表"单选按钮,单击"确定"按钮,如图 14.4 所示。

图 14.4　"创建数据透视表"对话框

 技能加油站

在创建数据透视表之前,若没有选择需要创建数据透视表的区域,则在"创建数据透视表"对话框后的"表/区域"将为空,此时我们可以单击右侧的 按钮来选择数据区域。

2. 设置数据透视表字段列表。

(1) 在"数据透视表字段"任务窗格的"选择要添加到报表的字段"列表框中选中"销售地区"复选框,按住鼠标左键不放,将其拖动到"筛选器"列表框中。

(2) 在"选择要添加到报表的字段"列表框中依次选中"产品名称""1 月""2 月""3 月""4 月""5 月""6 月"复选框,完成数据透视表数据的添加,如图 14.5 所示。

图 14.5　设置数据透视表字段列表

技能加油站

若"数据透视表字段列表"任务窗格没有显示或者不小心关掉了,可以通过选择数据透视表,执行【数据透视表工具—分析】→【显示】→【字段列表】命令,打开"数据透视表字段列表"任务窗格。

(3)设置好数据透视表字段列表后,此时的数据透视表已经自动生成,如图 14.6 所示。单击 B1 单元格右侧的下拉列表按钮,选择"黑龙江"选项,单击"确定"按钮,即可筛选出销售地区为"黑龙江"的产品销量。

	A	B	C	D	E	F	G
1	销售地区	(全部)					
2							
3	行标签	求和项:1月	求和项:2月	求和项:3月	求和项:4月	求和项:5月	求和项:6月
4	冰箱	2556700	2470320	2623220	2816200	2870150	2505600
5	电饭煲	2063300	2042802	2193090	1747502	1896950	2014550
6	电风扇	1136000	1303280	1538457	1295400	1392000	1039550
7	电视机	750000	534260	565700	590000	754500	760150
8	空调	2645120	2294220	2355780	2738310	2414920	2863500
9	微波炉	1211500	1242399	1503420	1525250	1087150	1439150
10	洗衣机	1797289	1750460	2124628	1974000	2049600	2032500
11	饮水机	1906920	1997930	1755697	2178007	2362550	2039600
12	总计	14066829	13635671	14659992	14864669	14827820	14694600

图 14.6 设置好数据透视表字段列表后的透视表

3. 设置数据透视表样式。

选择 A1:G12 单元格区域,执行【数据透视表工具—设计】→【数据透视表样式】→【数据透视表样式深色 2】命令。应用样式后的效果如图 14.7 所示。

	A	B	C	D	E	F	G
1	销售地区	(全部)					
2							
3	行标签	求和项:1月	求和项:2月	求和项:3月	求和项:4月	求和项:5月	求和项:6月
4	冰箱	2556700	2470320	2623220	2816200	2870150	2505600
5	电饭煲	2063300	2042802	2193090	1747502	1896950	2014550
6	电风扇	1136000	1303280	1538457	1295400	1392000	1039550
7	电视机	750000	534260	565700	590000	754500	760150
8	空调	2645120	2294220	2355780	2738310	2414920	2863500
9	微波炉	1211500	1242399	1503420	1525250	1087150	1439150
10	洗衣机	1797289	1750460	2124628	1974000	2049600	2032500
11	饮水机	1906920	1997930	1755697	2178007	2362550	2039600
12	总计	14066829	13635671	14659992	14864669	14827820	14694600

图 14.7 设置样式后的数据透视表

▶▶ **任务 3　创建数据透视图**

Excel 数据透视表是数据汇总、优化数据显示和数据处理的强大工具。本案例是基于前面创建好的数据透视表来创建数据透视图的,当数据透视表中的数据发生变化时,数据透视图中的数据也会跟着发生变化。具体操作步骤如下:

1. 选中数据透视表中的任意一个单元格,执行【数据透视表工具—分析】→【工具】→【数据透视图】命令,在打开的"插入图表"对话框中选择相应的图表"簇状柱形图",单击

"确定"按钮。

技能加油站

创建数据透视图也可以跟创建数据透视表的方法一样,选中数据区域,然后执行【插入】→【图表】→【数据透视图】命令。

2. 选择数据透视图,使用调整图表大小和位置的方法对数据透视图的大小和位置进行适当的调整。

3. 设置数据透视图样式。选择数据透视图,执行【数据透视图工具—设计】→【图表样式】命令,选择"数据透视表样式深色2",设置完成后如图 14.1 所示。

拓展项目

制作如图 14.8 所示的产品订单表。

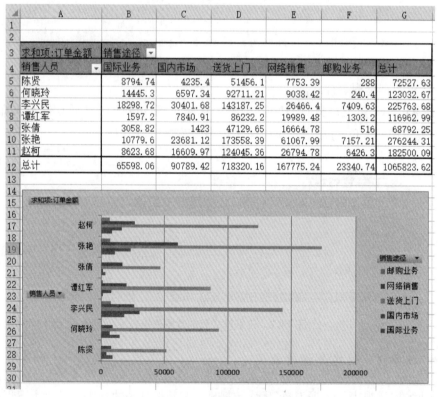

图 14.8 "产品订单表"样张

一、创建订单透视表

1. 插入数据透视表。

（1）在素材中打开"产品订单表"。

（2）选择要创建数据透视表的单元格区域,执行【插入】→【表格】→【数据透视表】命令,打开"创建数据透视表"对话框,设置"选择放置数据透视表的位置"为"新工作表",单击"确定"按钮。

（3）单击"确定"按钮后,系统自动创建一个新工作表,将此工作表重命名为"订单透视表"。

（4）选择要添加到数据透视表的字段,如图14.9所示。

图14.9 添加数据透视表字段

（5）返回到表格,即可看到插入的数据透视表效果,如图14.10所示。

	A	B	C	D	E	F	G
1							
2							
3	求和项:订单金额	销售途径					
4	销售人员	国际业务	国内市场	送货上门	网络销售	邮购业务	总计
5	陈贤	8794.74	4235.4	51456.1	7753.39	288	72527.63
6	何晓玲	14445.3	6597.34	92711.21	9038.42	240.4	123032.67
7	李兴民	18298.72	30401.68	143187.25	26466.4	7409.63	225763.68
8	谭红军	1597.2	7840.91	86232.2	19989.48	1303.2	116962.99
9	张倩	3058.82	1423	47129.65	16664.78	516	68792.25
10	张艳	10779.6	23681.12	173558.39	61067.99	7157.21	276244.31
11	赵柯	8623.68	16609.97	124045.36	26794.78	6426.3	182500.09
12	总计	65598.06	90789.42	718320.16	167775.24	23340.74	1065823.62

图14.10 创建的数据透视表效果

2. 美化透视表。

（1）给A3:B3、A4:G4单元格区域添加浅绿色底纹。

（2）按照图14.11所示的效果给透视表添加边框。

	A	B	C	D	E	F	G
1							
2							
3	求和项:订单金额	列标签					
4	行标签	国际业务	国内市场	送货上门	网络销售	邮购业务	总计
5	陈贤	8794.74	4235.4	51456.1	7753.39	288	72527.63
6	何晓玲	14445.3	6597.34	92711.21	9038.42	240.4	123032.67
7	李兴民	18298.72	30401.68	143187.25	26466.4	7409.63	225763.68
8	谭红军	1597.2	7840.91	86232.2	19989.48	1303.2	116962.99
9	张倩	3058.82	1423	47129.65	16664.78	516	68792.25
10	张艳	10779.6	23681.12	173558.39	61067.99	7157.21	276244.31
11	赵柯	8623.68	16609.97	124045.36	26794.78	6426.3	182500.09
12	总计	65598.06	90789.42	718320.16	167775.24	23340.74	1065823.62

图 14.11   添加边框和底纹后的透视表

二、创建订单透视图

1. 插入数据透视图。

选中数据透视表中的任意一个单元格,执行【数据透视表工具—分析】→【工具】→【数据透视图】命令,然后选择相应的图表"簇状条形图",单击"确定"按钮。

2. 设置绘图区格式。

选择数据透视图的绘图区,单击鼠标右键,在弹出的下拉列表中选择"设置绘图区格式",在弹出的"设置绘图区格式"对话框中选择"填充"下的"纯色填充"单选按钮,在颜色中选择"水绿色,个性色5,淡色80%"。

3. 设置图表区域格式。

选择图表,执行【数据透视图工具—格式】→【形状样式】→【形状填充】命令,在颜色中选择"橙色,个性色6,淡色60%"。效果如图14.12所示。

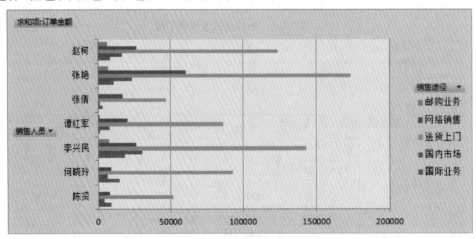

图 14.12   数据透视图效果

课后练习

1. 制作固定资产分析表。

制作如图14.13所示的固定资产卡片。要求根据固定资产卡片数据创建数据透视表和数据透视图,行标签为固定资产名称,列标签为部门名称,数值为本年折旧额。效果如图 14.14 所示。

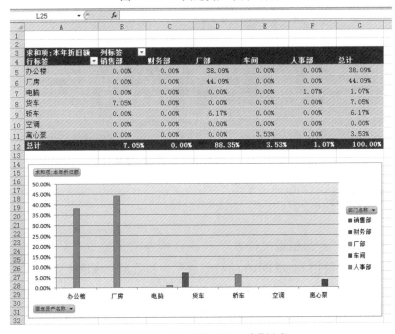

固定资产卡片														
卡片编号	固定资产编号	固定资产名称	规格型号	部门名称	开始使用日期	预计使用年数	当前日期	已提折旧月份	已提折旧年份	本年已提月份	原值	净残值率	净残值	本 年折旧额
0001	211001	离心泵	WZ101	车间	2016/2/10	10	2021/5/31	63	5.25	10	40000.00	0.005	200.00	3316.67
0002	212001	厂房	砖混结构	厂部	2016/2/25	20	2021/5/31	63	5.25	10	1000000.00	0.005	5000.00	41458.33
0003	212002	办公楼	砖混结构	厂部	2017/3/5	20	2021/5/31	50	4.17	10	500000.00	0.005	2500.00	35815.52
0004	214004	货车	LG4600	销售部	2017/5/15	10	2021/5/31	48	4.00	10	80000.00	0.005	400.00	6633.33
0005	216001	电脑	AF706	人事部	2018/5/10	5	2021/5/31	36	3.00	10	4500.00	0.005	22.50	648.00
0006	210001	空调	HR501	财务部	2015/5/15	5	2021/5/31	72	6.00	10	5000.00	0.005	25.00	---
0007	210002	电脑	AF706	人事部	2020/1/10	8	2021/5/31	16	1.33	9	3800.00	0.005	19.00	354.47
0008	212003	轿车	Z2526	厂部	2020/3/2	20	2021/5/31	14	1.17	7	200000.00	0.005	1000.00	5804.17

图 14.13 "固定资产卡片"样张

求和项:本年折旧额	列标签					
行标签	销售部	财务部	厂部	车间	人事部	总计
办公楼	0.00%	0.00%	38.09%	0.00%	0.00%	38.09%
厂房	0.00%	0.00%	44.09%	0.00%	0.00%	44.09%
电脑	0.00%	0.00%	0.00%	0.00%	1.07%	1.07%
货车	7.05%	0.00%	0.00%	0.00%	0.00%	7.05%
轿车	0.00%	0.00%	6.17%	0.00%	0.00%	6.17%
空调	0.00%	0.00%	0.00%	0.00%	0.00%	0.00%
离心泵	0.00%	0.00%	0.00%	3.53%	0.00%	3.53%
总计	7.05%	0.00%	88.35%	3.53%	1.07%	100.00%

图 14.14 "固定资产分析表"样张

2. 制作销售清单统计图。

根据销售清单数据,创建数据透视表和数据透视图,统计产品销售数据,效果如图 14.15 所示。

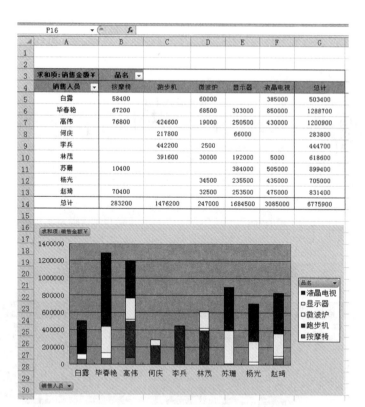

图 14.15 "销售清单统计图"样张

 项目小结

本项目通过制作"产品销量统计表""产品订单表""固定资产分析表""销售清单统计表"等,使读者学会使用 Excel 2016 的数据透视表和数据透视图来统计、分析数据,掌握数据透视表和数据透视图的创建方法,学会调整数据透视表和数据透视图的位置和大小,能添加字段到数据透视表和数据透视图中。读者在学会项目案例制作的同时,能够将所学知识活学活用到实际工作和生活中。

项目十五

员工业务统计表的制作

 项目简介

在日常生活、工作中经常会产生大量的数据,对这些数据的登记和统计是一件费时费力的事情,利用 Excel 2016 提供的函数计算功能,可以使繁杂的数据整理工作变得轻松。如图 15.1 所示就是利用 Excel 软件制作出来的员工业务统计表。

		产品1			产品2			产品3			销售利润
工号	性别	成本价	销售价	销售数量	成本价	销售价	销售数量	成本价	销售价	销售数量	
2018001	男	150	195	180	279	300	200	447	550	80	20540
2018002	女	150	201	153	279	350	171	447	500	95	24979
2018003	女	150	188	54	279	299	220	447	490	245	16987
2018004	男	150	230	36	279	340	80	447	520	100	15060
2018005	女	150	155	227	279	365	100	447	510	160	19815
2018006	男	150	181	72	279	380	70	447	525	170	22562
2018007	女	150	198	90	279	310	190	447	505	300	27610
2018008	男	150	192	66	279	305	175	447	530	95	15207
2018009	男	150	210	40	279	340	66	447	540	85	14331
2018010	女	150	169	210	279	336	95	447	550	75	17130
2018011	男	150	220	76	279	349	80	447	470	350	18970
2018012	男	150	244	45	279	320	90	447	480	320	18480
2018013	男	150	189	180	279	300	240	447	489	360	27180
2018014	女	150	200	75	279	356	110	447	505	240	26140

销售利润总值	284991		性别	男	女
销售利润平均值	20356.5		人数	8	6
最高个人销售利润	27610		产品1 销售数量	695	809
最低个人销售利润	14331		产品2 销售数量	1001	886
			产品3 销售数量	1560	1115
			个人销售利润平均值	19041.25	22110.16667

图 15.1　"员工业务统计表"样张

 知识点导入

1. 合并单元格:选取单元格区域,执行【开始】→【对齐方式】→【合并后居中】命令。
2. 插入函数:执行【公式】→【函数库】→【插入函数】命令。

3. 设置单元格格式:执行【开始】→【单元格】→【格式】命令,在下拉列表中选择"设置单元格格式"。

4. 调整单元格的行高或列宽:可按住鼠标左键手动拖曳,也可执行【开始】→【单元格】→【格式】命令,在下拉列表中选择"行高"或"列宽"。

5. 设置条件格式:执行【开始】→【样式】→【条件格式】命令。

解决方案

▶▶ **任务1　新建工作簿**

1. 启动 Excel 2016,新建空白工作簿。
2. 将新建的工作簿保存在桌面上,文件名为"员工业务统计表"。

▶▶ **任务2　录入表格**

1. 录入表格。

(1) 在 A1 单元格中录入表格的标题"员工业务统计表"。

(2) 在 A2、B2、C2、F2、I2、L2 单元格中分别录入 "工号""性别""产品1""产品2""产品3""销售利润"。

(3) 在 C3、F3、I3 单元格中录入"成本价",在 D3、G3、J3 单元格中录入"销售价",在 E3、H3、K3 单元格中录入"销售数量"。

(4) 在 A4:K17 单元格区域中录入相应数据,如图 15.2 所示。

	A	B	C	D	E	F	G	H	I	J	K	L
1	员工业务统计表											
2	工号	性别	产品1			产品2			产品3			销售利润
3			成本价	销售价	销售数量	成本价	销售价	销售数量	成本价	销售价	销售数量	
4	2018001	男	150	195	180	279	300	200	447	550	80	
5	2018002	女	150	201	153	279	350	171	447	500	95	
6	2018003	女	150	188	54	279	299	220	447	490	245	
7	2018004	男	150	230	36	279	340	80	447	520	100	
8	2018005	女	150	155	227	279	365	100	447	510	160	
9	2018006	男	150	181	72	279	380	70	447	525	170	
10	2018007	女	150	198	90	279	310	190	447	505	300	
11	2018008	男	150	192	66	279	305	175	447	530	95	
12	2018009	男	150	210	40	279	340	66	447	540	85	
13	2018010	女	150	169	210	279	336	95	447	550	75	
14	2018011	男	150	220	76	279	349	80	447	470	350	
15	2018012	男	150	244	45	279	320	90	447	480	320	
16	2018013	男	150	189	180	279	300	240	447	489	360	
17	2018014	女	150	200	75	279	356	110	447	505	240	
18												

图15.2　录入数据

 技能加油站

在连续的多个单元格中录入相同的或有连续关系的数值时,可以利用鼠标操作自动填充功能快捷、准确地录入。

2. 编辑表格。

（1）分别选取 A1：L1、A2：A3、B2：B3、C2：E2、F2：H2、I2：K2、L2：L3 单元格区域,依次执行【开始】→【对齐方式】→【合并后居中】命令。

（2）选取 A1：L17 单元格区域,执行【开始】→【对齐方式】→【垂直居中】和【居中】命令,使数据在单元格内居中对齐。

技能加油站

在单元格中想让输入内容转行,可利用组合键:【Alt】+【Enter】。

▶▶ **任务3　数据统计**

1. 核算"销售利润"。

（1）销售利润 =（产品 1 的销售价 – 产品 1 的成本价）＊产品 1 的销售数量 +（产品 2 的销售价 – 产品 2 的成本价）＊产品 2 的销售数量 +（产品 3 的销售价 – 产品 3 的成本价）＊产品 3 的销售数量。

选中 L4 单元格,在编辑栏录入"＝(D4 – C4)＊E4 +(G4 – F4)＊H4 +(J4 – I4)＊K4",按回车键得到计算结果。

（2）使用填充柄计算 L5：L17 单元格区域中各员工的销售利润。

2. 统计数据。

（1）选取 A20：B20、A21：B21、A22：B22、A23：B23 单元格区域,分别进行合并后居中,分别录入"销售利润总值""销售利润平均值""最高个人销售利润""最低个人销售利润"。

（2）计算"销售利润总值":单击选中 C20 单元格,执行【开始】→【编辑】→【自动求和】命令,在单元格中出现函数公式,修改计算范围为"L4：L17",函数公式变为"＝SUM(L4：L17)",按回车键得到计算结果。

技能加油站

在函数公式中修改计算范围,可以在单元格范围上利用鼠标左键拖动来选取。

（3）计算"销售利润平均值":单击选中 C21 单元格,执行【开始】→【编辑】→【自动求和】命令,在下拉列表中选择"平均值",在单元格中出现函数公式,修改计算范围为"L4：L17",函数公式变为"＝AVERAGE(L4：L17)",按回车键得到计算结果。

（4）计算"最高个人销售利润":单击选中 C22 单元格,执行【开始】→【编辑】→【自动求和】命令,在下拉列表中选择"最大值",在单元格中出现函数公式,修改计算范围为"L4：L17",函数公式变为"＝MAX(L4：L17)",按回车键得到计算结果。

（5）计算"最低个人销售利润":单击选中 C23 单元格,执行【开始】→【编辑】→【自

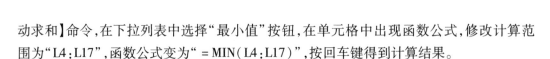

动求和】命令,在下拉列表中选择"最小值"按钮,在单元格中出现函数公式,修改计算范
围为"L4:L17",函数公式变为"=MIN(L4:L17)",按回车键得到计算结果。

(6)在E20、F20、G20单元格中分别录入"性别""男""女",在E21、E22、E23、E24、
E25单元格中分别录入"人数""产品1销售数量""产品2销售数量""产品3销售数量"
"个人销售利润平均值"。

(7)依据性别计算"人数":单击选中F21单元格,执行【公式】→【函数库】→【插入函
数】命令,出现"插入函数"对话框,如图15.3所示。在"搜索函数"下的文本框中输入函
数名称"COUNTIF",单击"转到"按钮,选择函数,单击"确定"按钮,出现"函数参数"对话
框,在"Range"项中输入"B4:B17",在"Criteria"项中输入""男"",如图15.4所示,单击"确
定"按钮,得到男员工人数;在G21单元格中利用COUNTIF函数计算女员工人数。

图15.3 "插入函数"对话框

图15.4 COUNTIF 函数的参数对话框

（8）依据性别计算"产品 1 销售数量"：单击选中 F22 单元格，执行【公式】→【函数库】→【插入函数】命令，出现"插入函数"对话框。在"搜索函数"下的文本框中输入函数名称"SUMIF"，单击"转到"按钮，选择函数，单击"确定"按钮，出现"函数参数"对话框，在"Range"项中输入"B4：B17"，在"Criteria"项中输入""男""，在"Sum_range"项中输入"E4：E17"，如图 15.5 所示，单击"确定"按钮，得到男员工产品 1 销售数量；在 G22 单元格中利用 SUMIF 函数计算女员工产品 1 销售数量。

图 15.5　SUMIF 函数的参数对话框

（9）依据性别计算"产品 2 销售数量"：在 F23、G23 单元格中利用 SUMIF 函数分别计算男、女员工产品 2 销售数量。

（10）依据性别计算"产品 3 销售数量"：在 F24、G24 单元格中利用 SUMIF 函数分别计算男、女员工产品 3 销售数量。

（11）依据性别计算"个人销售利润平均值"：单击选中 F25 单元格，执行【公式】→【函数库】→【插入函数】命令，出现"插入函数"对话框。在"搜索函数"下的文本框中输入函数名称"AVERAGEIF"，单击"转到"按钮，选择函数，单击"确定"按钮，出现"函数参数"对话框，在"Range"项中输入"B4：B17"，在"Criteria"项中输入""男""，在"Average_range"项中输入"L4：L17"，如图 15.6 所示，单击"确定"按钮，得到男员工个人销售利润平均值；在 G25 单元格中利用 AVERAGEIF 函数计算女员工个人销售利润平均值。

图 15.6　AVERAGEIF 函数的参数对话框

技能加油站

单击编辑栏中的插入函数按钮" ***fx*** ",可以快捷地打开"插入函数"对话框。

任务4　美化表格

（1）设置 A1 单元格字体为"华文楷体""20""加粗"，A2：L17 单元格区域字体为"宋体""12"。

（2）设置 A1 单元格的行高为"30"；设置 C2：K3 单元格区域的行高为"15"；设置 A4：L17 单元格区域的行高为"15"、列宽为"10"；设置 A20：G25 单元格区域的行高为"30"，数据水平且垂直居中。

（3）为 A1：L17 单元格区域添加内部细实线、外部粗实线的边框；为 A2：L3 单元格区域添加"橄榄色，个性色3，淡色60％"的底纹。

（4）选取 L4：L17 单元格区域，执行【开始】→【样式】→【条件格式】命令，在下拉列表中选择"数据条"下"渐变填充"中的"绿色数据条"，如图 15.7 所示。

图 15.7　条件格式

拓展项目

制作如图 15.8 所示的竞赛成绩统计表。

	A	B	C	D	E	F	G
1	竞赛成绩统计表						
2	队号	选手号	初赛成绩	复赛成绩	决赛成绩	总成绩	单场平均成绩
3	X	1	89	78	79	246	82
4	K	4	78	65	63	206	68.7
5	X	3	96	87	81	264	88
6	K	2	67	73	69	209	69.7
7	K	5	85	92	76	253	84.3
8	K	1	74	85	82	241	80.3
9	X	2	91	79	73	243	81
10	K	3	82	66	91	239	79.7
11	X	4	77	69	83	229	76.3
12							
13							
14							
15			总成绩最高分	264			
16			总成绩最低分	206			
17			参赛人数	9			
18			K队选手人数	5			
19			X队选手人数	4			
20			K队总成绩之和	1148			
21			X队总成绩之和	982			
22			K队总成绩平均分	229.6			
23			X队总成绩平均分	245.5			

图 15.8 “竞赛成绩统计表”样张

具体操作步骤如下:

1. 启动 Excel 2016,新建空白工作簿。
2. 将新建的工作簿保存在桌面上,文件名为“竞赛成绩统计表”。
3. 在 A1:G23 单元格区域中相应位置录入数据,如图 15.9 所示。

	A	B	C	D	E	F	G
1	竞赛成绩统计表						
2	队号	选手号	初赛成绩	复赛成绩	决赛成绩	总成绩	单场平均成绩
3	X	1	89	78	79		
4	K	4	78	65	63		
5	X	3	96	87	81		
6	K	2	67	73	69		
7	K	5	85	92	76		
8	K	1	74	85	82		
9	X	2	91	79	73		
10	K	3	82	66	91		
11	X	4	77	69	83		
12							
13							
14							
15			总成绩最高分				
16			总成绩最低分				
17			参赛人数				
18			K队选手人数				
19			X队选手人数				
20			K队总成绩之和				
21			X队总成绩之和				
22			K队总成绩平均分				
23			X队总成绩平均分				

图 15.9 录入数据

4. 设置 A2:G23 单元格区域的列宽为“18”、行高为“15”,数据水平且垂直居中。

5. 数据统计。

(1) 选中 F3 单元格,执行【开始】→【编辑】→【自动求和】命令,将函数公式修改为 " = SUM(C3:E3)",按回车键得到计算结果,使用填充柄,计算 F4:F11 单元格区域中各选手总成绩。

(2) 选中 G3 单元格,执行【开始】→【编辑】→【自动求和】命令,在下拉列表中选择"平均值",将函数公式修改为 " = AVERAGE(C3:E3)",按回车键得到计算结果,使用填充柄,计算 G4:G11 单元格区域中各选手单场平均成绩。

(3) 选中 D15 单元格,执行【开始】→【编辑】→【自动求和】命令,在下拉列表中选择"最大值",将函数公式修改为 " = MAX(F3:F11)",按回车键得到计算结果。

(4) 选中 D16 单元格,执行【开始】→【编辑】→【自动求和】命令,在下拉列表中选择"最小值",将函数公式修改为 " = MIN(F3:F11)",按回车键得到计算结果。

(5) 选中 D17 单元格,执行【开始】→【编辑】→【自动求和】命令,在下拉列表中选择"计数",将函数公式修改为 " = COUNT(B3:B11)",按回车键得到计算结果。

(6) 选中 D18 单元格,执行【公式】→【函数库】→【插入函数】命令,利用 COUNTIF 函数的"函数参数"对话框,在"Range"项中输入"A3:A11",在"Criteria"项中输入""K"",如图 15.10 所示,单击"确定"按钮,得到计算结果;在 D19 单元格中利用 COUNTIF 函数计算结果。

图 15.10 COUNTIF 函数的参数对话框

(7) 选中 D20 单元格,执行【公式】→【函数库】→【插入函数】命令,利用 SUMIF 函数的"函数参数"对话框,在"Range"项中输入"A3:A11",在"Criteria"项中输入""K"",在"Sum_range"项中输入"F3:F11",如图 15.11 所示,单击"确定"按钮,得到计算结果;在 D21 单元格中利用 SUMIF 函数计算结果。

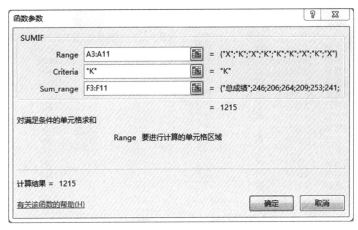

图 15.11　SUMIF 函数的参数对话框

（8）选中 D22 单元格，执行【公式】→【函数库】→【插入函数】命令，利用 AVER-AGEIF 函数的"函数参数"对话框，在"Range"项中输入"A3：A11"，在"Criteria"项中输入""K""，在"Average_range"项中输入"F3：F11"，如图 15.12 所示，单击"确定"按钮，得到计算结果；在 D23 单元格中利用 AVERAGEIF 函数计算结果。

图 15.12　AVERAGEIF 函数的参数对话框

6．选取 A1：G1 单元格区域，合并后居中，设置行高为"30"，字体为"黑体""16""加粗"，添加"12.5％灰色"的底纹；选取 A1：G11 单元格区域，添加内部细实线、外部双线的边框。

1．制作员工工资统计表，效果如图 15.13 所示。

	A	B	C	D	E	F	G	H
1	销售部员工工资统计表							
2	部门	姓名	性别	职务	基本工资	特殊津贴	业务提成	应发工资
3	销售部	XS001	男	经理	4300	660	2054	
4	销售部	XS002	女	副经理	3400	520	1800	
5	销售部	XS003	女	员工	2450	360	1698	
6	销售部	XS004	男	员工	1800	270	1506	
7	销售部	XS005	男	员工	2020	300	1993	
8	销售部	XS006	男	员工	1830	290	2249	
9	销售部	XS007	男	员工	1800	260	5522	
10	销售部	XS008	女	员工	1930	240	1566	
11	销售部	XS009	男	员工	2000	270	928	
12	销售部	XS010	女	员工	1850	290	1599	
13	销售部	XS011	男	员工	1780	240	1897	
14	销售部	XS012	男	员工	1970	270	1848	
15	销售部	XS013	男	员工	2000	310	5436	
16	销售部	XS014	女	员工	1900	220	5228	
17								
18								
19								
20			平均工资					
21			最高工资					
22			最低工资					
23			男员工人数					
24			女员工人数					
25			男员工业务提成总和					
26			女员工业务提成总和					
27			男员工平均工资					
28			女员工平均工资					

	A	B	C	D	E	F	G	H
1	销售部员工工资统计表							
2	部门	姓名	性别	职务	基本工资	特殊津贴	业务提成	应发工资
3	销售部	XS001	男	经理	4300	660	2054	7014
4	销售部	XS002	女	副经理	3400	520	1800	5720
5	销售部	XS003	女	员工	2450	360	1698	4508
6	销售部	XS004	男	员工	1800	270	1506	3576
7	销售部	XS005	男	员工	2020	300	1993	4313
8	销售部	XS006	男	员工	1830	290	2249	4369
9	销售部	XS007	男	员工	1800	260	5522	7582
10	销售部	XS008	女	员工	1930	240	1566	3736
11	销售部	XS009	男	员工	2000	270	928	3198
12	销售部	XS010	女	员工	1850	290	1599	3739
13	销售部	XS011	男	员工	1780	240	1897	3917
14	销售部	XS012	男	员工	1970	270	1848	4088
15	销售部	XS013	男	员工	2000	310	5436	7746
16	销售部	XS014	女	员工	1900	220	5228	7348
17								
18								
19								
20			平均工资		5061			
21			最高工资		7746			
22			最低工资		3198			
23			男员工人数		9			
24			女员工人数		5			
25			男员工业务提成总和		23433			
26			女员工业务提成总和		11891			
27			男员工平均工资		5089.2			
28			女员工平均工资		5010.2			

图 15.13 "员工工资统计表"样张

2. 制作学生成绩统计表,效果如图 15.14 所示。

学号	性别	年龄	语文	数学	英语	哲学	计算机	体育
期末成绩表								
GZ0001	男	18	84	91	90	优	93	97
GZ0002	女	20	95	84	70	优	72	98
GZ0003	男	18	90	82	82	良	70	95
GZ0004	男	19	88	71	91	优	87	97
GZ0005	女	20	91	73	78	优	86	85
GZ0006	男	19	65	85	50	优	72	92
GZ0007	女	20	87	90	75	优	71	98
GZ0008	女	19	82	68	89	优	83	61
GZ0009	男	20	93	84	82	优	80	89
GZ0010	女	20	89	76	92	良	82	97
GZ0011	男	18	80	63	79	优	82	90
GZ0012	女	19	82	88	93	良	70	80
男生人数		女生人数						
	全班总分	全班平均分	全班最高分	全班最低分	男生总分	女生总分	男生平均分	女生平均分
语文								
数学								
英语								

期末成绩表								
学号	性别	年龄	语文	数学	英语	哲学	计算机	体育
GZ0001	男	18	84	91	90	优	93	97
GZ0002	女	20	95	84	70	优	72	98
GZ0003	男	18	90	82	82	良	70	95
GZ0004	男	19	88	71	91	优	87	97
GZ0005	女	20	91	73	78	优	86	85
GZ0006	男	19	65	85	50	优	72	92
GZ0007	女	20	87	90	75	优	71	98
GZ0008	女	19	82	68	89	优	83	61
GZ0009	男	20	93	84	82	优	80	89
GZ0010	女	20	89	76	92	良	82	97
GZ0011	男	18	80	63	79	优	82	90
GZ0012	女	19	82	88	93	良	70	80
男生人数	6	女生人数	6					
	全班总分	全班平均分	全班最高分	全班最低分	男生总分	女生总分	男生平均分	女生平均分
语文	1026	85.5	95	65	500	526	83.3	87.7
数学	955	79.6	91	63	476	479	79.3	79.8
英语	971	80.9	93	50	474	497	79	82.8

图15.14 "学生成绩统计表"样张

项目小结

本项目通过"员工业务统计表""竞赛成绩统计表""员工工资统计表""学生成绩统计表"等工作簿的制作,使读者学会自动求和、函数统计、单元格格式化设置、条件格式设置等的方法。读者在学会项目案例制作的同时,能够将所学知识活学活用到实际工作和生活中,迅速完成数据统计工作。

项目十六

小区业主信息管理表的制作

 **项目简介**

    小区业主信息管理是小区物业管理部门的一项重要工作。科学、有效地管理业主信息,不仅能提高日常工作效率,同时还能提高小区物业管理水平。如图 16.1 所示就是用 Excel 软件制作的小区业主基本信息表。

小区业主基本信息表

物业编号	房号	楼宇名称	楼层	房屋类型	业主姓名	购房合同号	配备设施	房屋状态	建筑面积	使用面积	公用面积	备注
GH80001	A-101	A栋	1	商用	李小明	JS0093483	两通	入住	89.8	78.4	11.4	
GH80002	A-102	A栋	1	住宅	张凤去	JS9084392	三通	入住	105.4	99.3	6.1	
GH80003	A-103	A栋	1	住宅	丁道沙	JS8593028	三通	入住	105.4	99.3	6.1	
GH80004	A-104	A栋	1	商用	韩亮	JS3729493	四通	入住	118.2	101.2	17	
GH80005	A-201	A栋	2	住宅	蔡少云	JS6592642	三通	入住	105.4	99.3	6.1	
GH80006	A-202	A栋	2	商用	杨思敏	JS6492748	三通	入住	105.4	99.3	6.1	
GH80007	A-203	A栋	2	住宅	张清华	JS6483683	四通	入住	118.2	101.2	17	
GH80008	A-204	A栋	2	商用	丁华丰	JS3648923	四通	入住	118.2	101.2	17	
GH80009	B-101	B栋	1	商用	李庆利	JS6820583	四通	入住	118.2	101.2	17	
GH80010	B-102	B栋	1	商用	毛资源	JS9730284	四通	入住	118.2	101.2	17	
GH80011	B-103	B栋	1	住宅	李红景	JS8352740	四通	入住	118.2	101.2	17	
GH80012	B-104	B栋	1	住宅	张大千	JS4378392	两通	入住	89.8	78.4	11.4	
GH80013	B-201	B栋	2	住宅	赵飞天	JS7497394	三通	入住	105.4	99.3	6.1	
GH80014	B-202	B栋	2	商用	陶天天	JS7486284	四通	入住	118.2	101.2	17	
GH80015	B-203	B栋	2	住宅	刘德华	JS8473943	两通	入住	89.8	78.4	11.4	
GH80016	B-204	B栋	2	商用	刘昕	JS8767489	四通	入住	118.2	101.2	17	
GH80017	C-101	C栋	1	住宅	王天明	JS8448592	四通	入住	118.2	101.2	17	
GH80018	C-102	C栋	1	商用	张国文	JS8473402	四通	入住	89.8	78.4	11.4	
GH80019	C-103	C栋	1	商用	杨列英	JS7362940	三通	入住	105.4	99.3	6.1	
GH80020	C-104	C栋	1	住宅	陈伯远	JS8476590	四通	入住	118.2	101.2	17	
GH80021	C-201	C栋	2	住宅	赵明亮	JS8465972	四通	入住	89.8	78.4	11.4	
GH80022	C-202	C栋	2	住宅	丁乃新	JS7364920	四通	入住	118.2	101.2	17	
GH80023	C-203	C栋	2	商用	毛沫沫	JS6254826	两通	入住	89.8	78.4	11.4	
GH80024	C-204	C栋	2	住宅	郑关东	JS6836849	四通	入住	118.2	101.2	17	

图 16.1 "小区业主基本信息表"样张

 **知识点导入**

    1. IF 函数的使用。

    根据指定的条件来判断其"真"(TRUE)、"假"(FALSE),根据逻辑计算的真假值,返回相应的内容。可以使用 IF 函数对数值和公式进行条件检测。格式如下:

    IF(Logical_test,Value_if_true,Value_if_false)

    Logical_test 表示计算结果为 TRUE 或 FALSE 的任意值或表达式,Value_if_true 表示

Logical_test 为 TRUE 时返回的值,Value_if_false 表示 Logical_test 为 FALSE 时返回的值。

语法释义:

=IF(判断条件,条件为真时的返回值,条件为假时的返回值)

2．VLOOKUP 函数的使用。

VLOOKUP 函数是 Excel 中的一个纵向查找函数,它与 LOOKUP 函数和 HLOOKUP 函数属于一类函数,在工作中都有广泛应用。格式如下:

VLOOKUP(Lookup_value,Table_array,Col_index_num,Range_lookup)

Lookup_value 表示需要在数据表首列进行搜索的值;Table_array 表示需要在其中搜索数据的信息表;Col_index_num 表示满足条件的单元格在数组区域 Table_array 中的列序号;Range_lookup 的值为 FALSE 表示大致匹配,如果为 TRUE 或忽略,表示精确匹配。

语法释义:

VLOOKUP(要查找的值,数据表,返回值的列序号,匹配条件)

解决方案

▶▶ **任务1 新建工作簿**

1．启动 Excel 2016,新建空白工作簿。

2．将新建的工作簿保存在桌面上,文件名为"小区业主基本信息表"。

▶▶ **任务2 输入表格相关内容**

1．创建基本框架。

(1)在 A1 单元格中输入"小区业主基本信息表"。

(2)在 A2:M2 单元格区域中分别输入表格各个字段的内容,如图 16.2 所示。

小区业主基本信息表												
物业编号	房号	楼宇名称	楼层	房屋类型	业主姓名	购房合同号	配备设施	房屋状态	建筑面积	使用面积	公用面积	备注

图 16.2 "小区业主基本信息表"字段

2．输入"物业编号"。

(1)在 A3 单元格中输入物业编号"GH80001"。

(2)选中 A3 单元格,按住鼠标左键拖曳其右下角的填充柄至 A26 单元格,填充后的"物业编号"数据如图 16.3 所示。

3．输入"房号"、"楼宇名称"和"楼层"。

(1)输入"房号"。

(2)输入"楼宇名称"。

① 选中 C3 单元格。

② 输入公式"=MID(B3,1,1)&"栋""。

③ 按回车键确认,填充出相应的楼宇名称。

④ 选中 C3 单元格,用鼠标拖曳其填充句柄至 C26 单元格,将公式复制到 C4:C26 单元格区域中,可填充出所有的楼宇名称,如图 16.4 所示。

物业编号	房号
GH80001	
GH80002	
GH80003	
GH80004	
GH80005	
GH80006	
GH80007	
GH80008	
GH80009	
GH80010	
GH80011	
GH80012	
GH80013	
GH80014	
GH80015	
GH80016	
GH80017	
GH80018	
GH80019	
GH80020	
GH80021	
GH80022	
GH80023	
GH80024	

图 16.3 填充后的"物业编号"

物业编号	房号	楼宇名称	楼层
GH80001	A-101	A栋	
GH80002	A-102	A栋	
GH80003	A-103	A栋	
GH80004	A-104	A栋	
GH80005	A-201	A栋	
GH80006	A-202	A栋	
GH80007	A-203	A栋	
GH80008	A-204	A栋	
GH80009	B-101	B栋	
GH80010	B-102	B栋	
GH80011	B-103	B栋	
GH80012	B-104	B栋	
GH80013	B-201	B栋	
GH80014	B-202	B栋	
GH80015	B-203	B栋	
GH80016	B-204	B栋	
GH80017	C-101	C栋	
GH80018	C-102	C栋	
GH80019	C-103	C栋	
GH80020	C-104	C栋	
GH80021	C-201	C栋	
GH80022	C-202	C栋	
GH80023	C-203	C栋	
GH80024	C-204	C栋	

图 16.4 填充后的"楼宇名称"

(3) 输入"楼层"。

① 选中 D3 单元格。

② 执行【公式】→【函数库】→【插入函数】命令,弹出"插入函数"对话框,如图 16.5 所示。

图 16.5 "插入函数"对话框

③ 找到"MID"函数,单击"确定"按钮,弹出"函数参数"对话框,在"Text"文本框中输入"B3",在"Start_num"文本框中输入"3",在"Num_chars"文本框中输入"1",如图16.6所示。

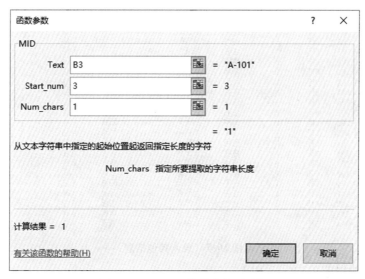

图 16.6　MID 函数的参数对话框

④ 单击"确定"按钮,填充出相应的楼层。

⑤ 选中 D3 单元格,用鼠标拖曳其填充柄至 D26 单元格,将公式复制到 D4:D26 单元格区域中,可填充出所有的楼层。

4. 输入"房屋类型"。

(1)为"房屋类型"设置有效数据序列。

① 选中 E3:E26 单元格区域。

② 执行【数据】→【数据工具】→【数据验证】命令,弹出"数据验证"对话框。

③ 在"设置"选项卡中,单击"允许"右侧的下拉按钮,在弹出的下拉列表中选择"序列"选项,在下面的"来源"框中输入"住宅,商用"并选中"提供下拉箭头"选项。

(2)输入"房屋类型"。

选中 E3 单元格,其右侧将出现下拉按钮,单击下拉按钮,可出现需要选择的内容,单击列表中的值可实现数据的输入。

技能加油站

在输入函数时,前面的"＝"号以及函数中所有的标点符号都要用英文半角,否则出现错误。

5. 输入其他信息。

(1)录入"业主姓名"和"购房合同号"数据。

(2)参照"房屋类型"的录入方式,用值列表的形式录入"配套设施"数据。

（3）录入"房屋状态"数据，如图 16.7 所示。

小区业主信息管理表

物业编号	房号	楼宇名称	楼层	房屋类型	业主姓名	购房合同号	配备设施	房屋状态	建筑面积	使用面积
GH80001	A-101	A栋	1	商用	李小明	JS0093483	两通	入住		
GH80002	A-102	A栋	1	住宅	张凤去	JS9084392	三通	入住		
GH80003	A-103	A栋	1	住宅	丁道沙	JS8593028	三通	入住		
GH80004	A-104	A栋	1	商用	韩亮	JS3729493	四通	入住		
GH80005	A-201	A栋	2	住宅	蔡少云	JS6592642	三通	入住		
GH80006	A-202	A栋	2	商用	杨思敏	JS6492748	三通	入住		
GH80007	A-203	A栋	2	住宅	张清华	JS6483683	四通	入住		
GH80008	A-204	A栋	2	商用	丁华丰	JS3648923	四通	入住		
GH80009	B-101	B栋	1	商用	李庆利	JS6820583	四通	入住		
GH80010	B-102	B栋	1	商用	毛资源	JS9730284	四通	入住		
GH80011	B-103	B栋	1	住宅	李红景	JS8352740	四通	入住		
GH80012	B-104	B栋	1	住宅	张大千	JS4378392	两通	入住		
GH80013	B-201	B栋	2	住宅	赵飞天	JS7497394	三通	入住		
GH80014	B-202	B栋	2	商用	陶天天	JS7486284	四通	入住		
GH80015	B-203	B栋	2	住宅	刘德华	JS8473943	两通	入住		
GH80016	B-204	B栋	2	商用	刘昕	JS8767489	四通	入住		
GH80017	C-101	C栋	1	住宅	王天明	JS8448592	四通	入住		
GH80018	C-102	C栋	1	商用	张国文	JS8473402	两通	入住		
GH80019	C-103	C栋	1	商用	杨列英	JS7362940	三通	入住		
GH80020	C-104	C栋	1	住宅	陈伯远	JS8476590	四通	入住		
GH80021	C-201	C栋	2	住宅	赵明亮	JS8465972	两通	入住		
GH80022	C-202	C栋	2	住宅	丁乃新	JS7364920	四通	入住		
GH80023	C-203	C栋	2	住宅	毛沫沫	JS6254826	两通	入住		
GH80024	C-204	C栋	2	住宅	郑关东	JS6836849	四通	入住		

图 16.7　录入其他信息

6. 计算"建筑面积"和"使用面积"数据。

（1）录入"建筑面积"数据。

① 选中 J3 单元格。

② 输入公式" = IF(H3 = "两通","89.8",IF(H3 = "三通","105.4","118.2"))"。

③ 按回车键确定，计算出相应的建筑面积。

④ 选中 J3 单元格，用鼠标拖曳其填充柄至 J26 单元格，将公式复制到 J4:J26 单元格区域中，可计算机出所有的建筑面积。

（2）录入"使用面积"数据。

参照"建筑面积"的寻入方式，输入公式" = IF(H3 = "两通","78.4",IF(H3 = "三通","99.3","101.2"))"，录入后的表格如图 16.8 所示。

小区业主信息管理表

物业编号	房号	楼宇名称	楼层	房屋类型	业主姓名	购房合同号	配备设施	房屋状态	建筑面积	使用面积	公用面积
GH80001	A-101	A栋	1	商用	李小明	JS0093483	两通	入住	89.8	78.4	
GH80002	A-102	A栋	1	住宅	张凤去	JS9084392	三通	入住	105.4	99.3	
GH80003	A-103	A栋	1	住宅	丁道沙	JS8593028	三通	入住	105.4	99.3	
GH80004	A-104	A栋	1	商用	韩亮	JS3729493	四通	入住	118.2	101.2	
GH80005	A-201	A栋	2	住宅	蔡少云	JS6592642	三通	入住	105.4	99.3	
GH80006	A-202	A栋	2	商用	杨思敏	JS6492748	三通	入住	105.4	99.3	
GH80007	A-203	A栋	2	住宅	张清华	JS6483683	四通	入住	118.2	101.2	
GH80008	A-204	A栋	2	商用	丁华丰	JS3648923	四通	入住	118.2	101.2	
GH80009	B-101	B栋	1	商用	李庆利	JS6820583	四通	入住	118.2	101.2	
GH80010	B-102	B栋	1	商用	毛资源	JS9730284	四通	入住	118.2	101.2	
GH80011	B-103	B栋	1	住宅	李红景	JS8352740	四通	入住	118.2	101.2	
GH80012	B-104	B栋	1	住宅	张大千	JS4378392	两通	入住	89.8	78.4	
GH80013	B-201	B栋	2	住宅	赵飞天	JS7497394	三通	入住	105.4	99.3	
GH80014	B-202	B栋	2	商用	陶天天	JS7486284	四通	入住	118.2	101.2	
GH80015	B-203	B栋	2	住宅	刘德华	JS8473943	两通	入住	89.8	78.4	
GH80016	B-204	B栋	2	商用	刘昕	JS8767489	四通	入住	118.2	101.2	
GH80017	C-101	C栋	1	住宅	王天明	JS8448592	四通	入住	118.2	101.2	
GH80018	C-102	C栋	1	商用	张国文	JS8473402	两通	入住	89.8	78.4	
GH80019	C-103	C栋	1	商用	杨列英	JS7362940	三通	入住	105.4	99.3	
GH80020	C-104	C栋	1	住宅	陈伯远	JS8476590	四通	入住	118.2	101.2	
GH80021	C-201	C栋	2	住宅	赵明亮	JS8465972	两通	入住	89.8	78.4	
GH80022	C-202	C栋	2	住宅	丁乃新	JS7364920	四通	入住	118.2	101.2	
GH80023	C-203	C栋	2	商用	毛沫沫	JS6254826	两通	入住	89.8	78.4	
GH80024	C-204	C栋	2	住宅	郑关东	JS6836849	四通	入住	118.2	101.2	

图 16.8　录入"建筑面积"和"使用面积"数据

7．计算"公用面积"。

（1）选中 L3 单元格。

（2）输入公式"＝J3－K3"。

（3）按回车键确认，计算出相应的公用面积。

（4）选中 L3 单元格，用鼠标拖曳其填充柄至 L26，将公式复制到 L4：L26 单元格区域中，可计算出所有的公用面积。

▶▶ 任务3　格式化表格

1．设置标题。

选中 A1：M1 单元格区域，将标题"小区业主基本信息表"合并后居中，字体设置为"宋体""22""加粗"。

2．设置整个数据区域格式。

（1）选中 A2：M26 单元格区域。

（2）执行【开始】→【样式】→【套用表格样式】命令，在下拉列表中选择"中等深浅"中的"表样式中等深浅4"，结果如图 16.1 所示。

拓展项目

小区物业费用管理是小区物业管理的一个重要组成部分。小区物业费用的收取是决定小区物业管理能否正常进行的一项重要因素。简化、规范物业费用的管理，有利于降低物业管理的成本，提高物业管理的效率。如图 16.9 所示就是利用 Excel 软件制作出来的小区物业费用管理表。

物业编号	业主姓名	水				电				气				管理	
		本月读数	上月读数	实用数	金额	本月读数	上月读数	实用数	金额	本月读数	上月读数	实用数	金额	建筑面积	金额
GH80001	李小明	55	43	12	25.8	157	100	57	30.21	87	34	53	164.3	89.8	134.7
GH80002	张凤去	56	34	22	47.3	187	153	34	18.02	78	23	55	170.5	105.4	126.48
GH80003	丁道沙	43	23	20	43	189	142	47	24.91	89	35	54	167.4	105.4	126.48
GH80004	韩亮	67	60	7	15.05	198	147	51	27.03	91	45	46	142.6	118.2	177.3
GH80005	蔡少云	36	20	16	34.4	200	140	60	31.8	94	67	27	83.7	105.4	126.48
GH80006	杨思敏	85	70	15	32.25	183	142	41	21.73	85	28	57	176.7	105.4	158.1
GH80007	张清华	93	75	18	38.7	152	96	56	29.68	94	36	58	179.8	118.2	141.84
GH80008	丁华丰	25	13	12	25.8	320	290	30	15.9	89	46	43	133.3	118.2	177.3
GH80009	李庆利	87	72	15	32.25	190	151	39	20.67	93	45	48	148.8	118.2	177.3
GH80010	毛资源	98	73	25	53.75	187	120	67	35.51	95	36	59	182.9	118.2	177.3
GH80011	李红景	53	40	13	27.95	150	95	55	29.15	84	57	27	83.7	118.2	141.84
GH80012	张大千	61	50	11	23.65	147	102	45	23.85	89	36	53	120	89.8	107.76
GH80013	赵飞天	76	63	13	27.95	153	112	41	21.73	84	56	28	86.8	105.4	126.48
GH80014	陶天天	87	53	34	73.1	148	110	38	20.14	78	71	7	21.7	118.2	177.3
GH80015	刘德华	83	52	31	66.65	134	101	33	17.49	90	45	45	139.5	89.8	107.76
GH80016	刘昕	75	62	13	27.95	145	112	33	17.49	84	56	28	86.8	118.2	177.3
GH80017	王天明	75	50	25	53.75	245	190	55	29.15	84	35	49	151.9	118.2	141.84
GH80018	张国文	76	42	34	73.1	123	80	43	22.79	78	26	52	161.2	89.8	134.7
GH80019	杨列英	87	53	34	73.1	234	180	54	28.62	92	56	36	111.6	105.4	158.1
GH80020	陈伯远	80	56	24	51.6	156	103	53	28.09	93	45	48	148.8	118.2	141.84
GH80021	赵明亮	76	52	24	51.6	140	99	41	21.73	68	16	52	161.2	89.8	107.76
GH80022	丁乃新	56	33	23	49.45	145	92	53	28.09	79	34	45	139.5	118.2	141.84
GH80023	毛沫沫	76	42	34	73.1	165	102	63	33.39	96	56	40	124	89.8	134.7
GH80024	郑关东	86	45	41	88.15	134	100	34	18.02	89	23	66	204.6	118.2	141.84

图 16.9　"小区物业费用管理表"样张

具体操作步骤如下：

1. 在 A1 单元格中输入表格标题"小区业主收费明细表"。

2. 输入表格字段，如图 16.10 所示。

A	B	C	D	E	F	G	H	I	J	K	L	M	N	O	P
		水				电				气				管理	
物业编号	业主姓名	本月读数	上月读数	实用数	金额	本月读数	上月读数	实用数	金额	本月读数	上月读数	实用数	金额	建筑面积	金额

图 16.10　表格中的各字段

3. 将 Sheet1 工作表重命名为"物业费用明细表"，如图 16.11 所示。

图 16.11　工作表重命名

4. 输入物业编号。

打开业主基本信息表，将物业编号复制过来。

5. 输入业主姓名。

（1）选中 B4 单元格。

（2）执行【公式】→【函数库】→【插入函数】命令，在弹出的"插入函数"对话框中选择 VLOOKUP 函数，单击"确定"按钮，打开"函数参数"对话框，输入相关数据，如图 16.12 所示。

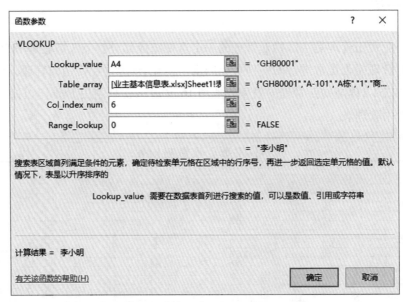

图 16.12　VLOOKUP 函数的参数对话框

（3）单击"确定"按钮，得到"物业编号"对应的"业主姓名"。

（4）选中 B4 单元格，用鼠标拖曳其填充柄至 B27 单元格，将公式复制到 B5：B27 单元格区域中，可填充所有的"业主姓名"。

技能加油站

VLOOKUP 函数参数设置如下：

① Lookup_value 为 A4；

② Table_array 为"［业主基本信息表．xlsx］Sheet1！$A$3：$F$26"；

③ Col_index_num 为"6"，即引用的数据区域中"业主姓名"数据所在的列序号；

④ Range_lookup 为"0"，即函数 VLOOKUP 将返回精确匹配值。

6. 采用类似的方法使用 VLOOKUP 函数，通过引用"业主基本信息表"工作表中的"建筑面积"，填充"管理"一栏的"建筑面积"数据，参数设置如图 16.13 所示。

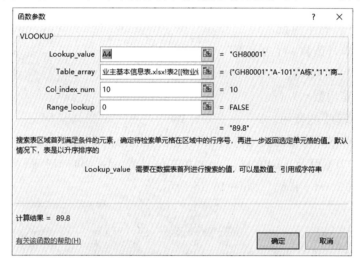

图 16.13　VLOOKUP 函数的参数对话框

7. 输入"水""电""气"的基础数据，如图 16.14 所示。

小区业主收费明细表

物业编号	业主姓名	水				电				气				管理	
		本月读数	上月读数	实用数	金额	本月读数	上月读数	实用数	金额	本月读数	上月读数	实用数	金额	建筑面积	金额
GH80001	李小明	55	43			157	100			87	34			89.8	
GH80002	张凤去	56	34			187	153			78	23			105.4	
GH80003	丁道沙	43	23			189	142			89	35			105.4	
GH80004	韩亮	67	60			198	147			91	45			118.2	
GH80005	蔡少云	36	20			200	140			94	67			105.4	
GH80006	杨思敏	85	70			183	142			85	28			105.4	
GH80007	张清华	93	75			152	96			94	36			118.2	
GH80008	丁华丰	25	13			320	290			89	46			118.2	
GH80009	李庆利	87	72			190	151			93	45			118.2	
GH80010	毛资源	98	73			187	120			95	36			118.2	
GH80011	李红景	53	40			150	95			84	57			118.2	
GH80012	张大千	61	50			147	102			89	50			89.8	
GH80013	赵飞天	76	63			153	112			84	56			105.4	
GH80014	陶天天	87	53			148	110			78	71			118.2	
GH80015	刘德华	83	52			134	101			90	45			89.8	
GH80016	刘昕	75	62			145	112			84	56			118.2	
GH80017	王天明	75	50			245	190			84	35			118.2	
GH80018	张国文	76	42			123	80			78	26			89.8	
GH80019	杨列英	87	53			234	180			92	56			105.4	
GH80020	陈伯远	80	56			156	103			93	45			118.2	
GH80021	赵明亮	76	52			140	99			68	16			89.8	
GH80022	丁乃新	56	33			145	92			79	34			118.2	
GH80023	毛沫沫	76	42			165	102			96	56			89.8	
GH80024	郑关东	86	45			134	100			89	23			118.2	

图 16.14　输入基础数据

8. 统计"水"的费用。

（1）计算"水"的实用数。

公式为"＝本月读数－上月读数"。

（2）计算"水"的金额。

公式为"＝实用数＊2.15"。

9. 统计"电"的费用。

（1）统计"电"的实用数。

公式为"＝本月读数－上月读数"。

（2）计算"电"的金额。

公式为"＝实用数＊0.53"。

10. 统计"气"的费用。

（1）统计"气"的实用数。

公式为"＝本月读数－上月读数"。

（2）计算"气"的金额。

公式为"＝实用数＊3.1"。

11. 统计"管理"的费用。

这里，管理费按照房屋的类型进行收取，普通住宅为 1.2 元/米^2，商用为 1.5 元/米^2。

公式为："＝IF(VLOOKUP(A4,[业主基本信息表.xlsx]Sheet1! \$A\$3：\$E\$26,5,0)＝"住宅",O4＊1.2,O4＊1.5)"，如图 16.15 所示。

A	B	C	D	E	F	G	H	I	J	K	L	M	N	O	P
小区业主收费明细表															
		水				电				气				管理	
物业编号	业主姓名	本月读数	上月读数	实用数	金额	本月读数	上月读数	实用数	金额	本月读数	上月读数	实用数	金额	建筑面积	金额
GH80001	李小明	55	43	12	25.8	157	100	57	30.21	87	34	53	164.3	89.8	134.7
GH80002	张凤去	56	34	22	47.3	187	153	34	18.02	78	23	55	170.5	105.4	126.48
GH80003	丁道沙	43	23	20	43	189	142	47	24.91	89	35	54	167.4	105.4	126.48
GH80004	韩亮	67	60	7	15.05	198	147	51	27.03	91	45	46	142.6	118.2	177.3
GH80005	蔡少云	36	20	16	34.4	200	140	60	31.8	94	67	27	83.7	105.4	126.48
GH80006	杨思敏	85	70	15	32.25	183	142	41	21.73	85	28	57	176.7	105.4	158.1
GH80007	张清华	93	75	18	38.7	152	96	56	29.68	94	36	58	179.8	118.2	141.84
GH80008	丁华丰	25	13	12	25.8	320	290	30	15.9	89	46	43	133.3	118.2	177.3
GH80009	李庆利	87	72	15	32.25	190	151	39	20.67	93	45	48	148.8	118.2	177.3
GH80010	毛资源	98	73	25	53.75	187	120	67	35.51	95	36	59	182.9	118.2	177.3
GH80011	李红景	53	40	13	27.95	150	95	55	29.15	84	57	27	83.7	118.2	141.84
GH80012	张大千	61	50	11	23.65	147	102	45	23.85	89	50	39	120.9	89.8	107.76
GH80013	赵飞天	76	63	13	27.95	153	112	41	21.73	84	56	28	86.8	105.4	126.48
GH80014	陶天天	87	53	34	73.1	148	110	38	20.14	78	71	7	21.7	118.2	177.3
GH80015	刘德华	83	52	31	66.65	134	101	33	17.49	90	45	45	139.5	89.8	107.76
GH80016	刘昕	75	62	13	27.95	145	112	33	17.49	84	56	28	86.8	118.2	177.3
GH80017	王天明	75	50	25	53.75	245	190	55	29.15	84	35	49	151.9	118.2	141.84
GH80018	张国文	76	42	34	73.1	123	80	43	22.79	78	26	52	161.2	89.8	134.7
GH80019	杨列英	87	53	34	73.1	234	180	54	28.62	92	56	36	111.6	105.4	158.1
GH80020	陈伯远	80	56	24	51.6	156	103	53	28.09	93	45	48	148.8	118.2	141.84
GH80021	赵明亮	76	52	24	51.6	140	99	41	21.73	68	16	52	161.2	89.8	107.76
GH80022	丁乃新	56	33	23	49.45	145	92	53	28.09	79	34	45	139.5	118.2	141.84
GH80023	毛沫沫	76	42	34	73.1	165	102	63	33.39	96	56	40	124	89.8	134.7
GH80024	郑关东	86	45	41	88.15	134	100	34	18.02	89	23	66	204.6	118.2	141.84

图 16.15　计算各种数据

12. 格式化表格。

（1）合并并居中 A1:P1，设置字号为"22"，字体为"隶书""加粗"。

（2）合并并居中 C2:F2，设置字号为"16"，字体为"隶书"。

（3）合并并居中 G2:J2，设置字号为"16"，字体为"隶书"。

（4）合并并居中 O2:P2，设置字号为"16"，字体为"隶书"。

（5）给表格加上边框线，外边框为粗实线，内边框为细实线。设置完成后的效果如图
16.9 所示。

课后练习

1. 制作物业收费明细清单表，效果如图 16.16 所示。

图 16.16 "物业收费明细清单表"样张

2. 制作小区车位普通管理表，效果如图 16.17 所示。

要求如下：

（1）"单价"一栏用 IF 函数来实现，"类别"一栏中"租用"的单价为"200"，"自备"的
单价为"20"。

（2）"第 1 季度""第 2 季度""第 3 季度""第 4 季度"的数据用公式"=单价 ∗ 3"来完
成。

（3）"合计"用自动求和函数 SUM 来完成。

车位号	业主姓名	房号	类别	单价（月）	第1季度	第2季度	第3季度	第4季度	合计（元）
A-001	易水寒	A-102	租用	¥200.00	¥600.00	¥600.00	¥600.00	¥600.00	¥2,600.00
A-002	冷面侠	A-202	租用	¥200.00	¥600.00	¥600.00	¥600.00	¥600.00	¥2,600.00
A-003	翟流星	A-304	自备	¥20.00	¥60.00	¥60.00	¥60.00	¥60.00	¥260.00
A-004	慕容大	A-402	租用	¥200.00	¥600.00	¥600.00	¥600.00	¥600.00	¥2,600.00
B-001	欧阳飞	A-501	自备	¥20.00	¥60.00	¥60.00	¥60.00	¥60.00	¥260.00
B-002	东郭狼	A-602	租用	¥200.00	¥600.00	¥600.00	¥600.00	¥600.00	¥2,600.00
B-003	沙益壮	B-101	租用	¥200.00	¥600.00	¥600.00	¥600.00	¥600.00	¥2,600.00
B-004	胡成兰	B-204	自备	¥20.00	¥60.00	¥60.00	¥60.00	¥60.00	¥260.00
C-001	冠成杰	B-203	自备	¥20.00	¥60.00	¥60.00	¥60.00	¥60.00	¥260.00
C-002	聂小倩	B-302	租用	¥200.00	¥600.00	¥600.00	¥600.00	¥600.00	¥2,600.00
C-003	吴中天	B-501	自备	¥20.00	¥60.00	¥60.00	¥60.00	¥60.00	¥260.00
C-004	徐丽丽	B-602	自备	¥20.00	¥60.00	¥60.00	¥60.00	¥60.00	¥260.00

图 16.17 "小区车位普通管理表"样张

项目小结

    本项目通过"小区业主基本信息表""小区物业费用管理表""物业收费明细清单表""小区车位普通管理表"等表格的制作,使读者学会工作表中函数的使用,特别是 VLOOK-UP 函数的使用。使读者在学会项目案例制作的同时,能够将所学知识活学活用到实际工作和生活中。

项目十七

学生期末成绩表的制作

项目简介

学生每学期的成绩出来后,班主任都要对学生的成绩进行各种操作,如求总成绩,将等第转换成分数,算学生在班级的总排名,等等,这样才能对学生在本学期的学习情况有一定的了解。如图 17.1 所示就是利用 Excel 软件制作出来的学生期末成绩表。

	A	B	C	D	E	F	G	H	I	J	K
1					学生期末成绩						
2	班级	学号	姓名	语文	动漫技法	二维动画	数据结构	心理健康	理健康分	总分	排名
3	14传媒5	01	李敏	96	87	91	91	良好	80	445	3
4	14传媒5	02	张亮	95	83	87	83	良好	80	427	4
5	14传媒5	03	王小丫	83	85	87	91	良好	80	426	7
6	14传媒5	04	张大宝	89	89	85	76	中等	70	408	15
7	14传媒5	05	赵紫阳	89	91	92	76	中等	70	417	11
8	14传媒5	06	曲鸾鸾	96	94	94	83	及格	60	426	5
9	14传媒5	07	董浩天	90	89	84	76	中等	70	409	14
10	14传媒5	08	杨双双	81	83	78	92	中等	70	403	18
11	14传媒5	09	欧阳快	85	86	91	96	优秀	90	447	2
12	14传媒5	10	慕荣发	91	87	78	73	中等	70	399	20
13	14传媒5	11	黄大财	84	83	76	96	良好	80	418	10
14	14传媒5	12	张来恩	85	98	92	71	良好	80	426	5
15	14传媒5	13	毛飞茹	79	91	100	92	优秀	90	451	1
16	14传媒5	14	张小画	87	82	85	89	中等	70	412	13
17	14传媒5	15	赵如飞	80	87	95	88	中等	70	420	9
18	14传媒5	16	李来顺	82	90	79	77	中等	70	398	21
19	14传媒5	17	杨永远	88	97	91	66	良好	80	421	8
20	14传媒5	18	张红成	79	83	82	74	优秀	90	408	15
21	14传媒5	19	丰小满	81	84	83	86	中等	70	404	17
22	14传媒5	20	孙中利	81	86	93	76	良好	80	416	12
23	14传媒5	21	周游	85	85	85	68	中等	70	401	19
24	14传媒5	22	李开光	86	80	89	63	良好	80	398	21
25	14传媒5	23	张回复	73	93	91	69	不及格	50	375	24
26	14传媒5	24	李渊渊	71	81	83	73	中等	70	377	23
27	14传媒5	25	张家宜	77	91	89	35	中等	70	361	25
28	14传媒5	26	丁香花	83	0	85	80	良好	80	327	26

图 17.1 "学生期末成绩表"样张

知识点导入

1. 合并单元格:执行【开始】→【单元格】→【格式】命令,在下拉列表中选择"设置单元格格式",在打开的"设置单元格格式"对话框中选择"对齐"选项卡,选中"合并单元格"复选框。

2. 插入函数:执行【公式】→【函数库】→【插入函数】命令。

解决方案

▶▶ **任务1　新建工作簿**

1. 启动 Excel 2016,新建空白工作簿。

2. 将新建的工作簿保存在桌面上,文件名为"学生期末成绩表"。

▶▶ **任务2　输入表格相关内容**

1. 输入标题。

在 A1 单元格中输入标题"学生期末成绩"。

2. 输入字段。

在 A2:K2 单元格区域依次输入各字段,如图 17.2 所示。

	A	B	C	D	E	F	G	H	I	J	K
1	学生期末成绩										
2	班级	学号	姓名	语文	动漫技法	二维动画	数据结构	心理健康	心理健康分	总分	排名
3											

图 17.2　输入各字段

3. 输入"班级"。

在 A3:A28 单元格区域输入班级"14 传媒 5"。

4. 输入"学号"。

(1)选中 B3 单元格,转成英文输入法输入英文单引号"'",再输入"01",按回车键。

(2)选中 B3 单元格右下角的填充柄,向下拖曳至 B28,如图 17.3 所示。

5. 录入学生的姓名、各科成绩和心理健康等第,如图 17.4所示。

2	班级	学号	姓名
3	14传媒5	01	
4	14传媒5	02	
5	14传媒5	03	
6	14传媒5	04	
7	14传媒5	05	
8	14传媒5	06	
9	14传媒5	07	
10	14传媒5	08	
11	14传媒5	09	
12	14传媒5	10	
13	14传媒5	11	
14	14传媒5	12	
15	14传媒5	13	
16	14传媒5	14	
17	14传媒5	15	
18	14传媒5	16	
19	14传媒5	17	
20	14传媒5	18	
21	14传媒5	19	
22	14传媒5	20	
23	14传媒5	21	
24	14传媒5	22	
25	14传媒5	23	
26	14传媒5	24	
27	14传媒5	25	
28	14传媒5	26	
29			

图 17.3　填充学号

学生期末成绩										
班级	学号	姓名	语文	动漫技法	二维动画	数据结构	心理健康	心理健康分总分		排名
14传媒5	01	李敏	96	87	91	91	良好			
14传媒5	02	张亮	95	83	86.5	82.5	良好			
14传媒5	03	王小丫	83	85	87	90.5	良好			
14传媒5	04	张大宝	88.5	88.5	85	76	中等			
14传媒5	05	赵紫阳	88.5	91	91.5	76	中等			
14传媒5	06	曲弯弯	96	94	93.5	82.5	及格			
14传媒5	07	董浩天	90	89	84	75.5	中等			
14传媒5	08	杨双双	81	83	77.5	91.5	中等			
14传媒5	09	欧阳快	84.5	86	90.5	96	优秀			
14传媒5	10	幕荣发	91	86.5	78	73	中等			
14传媒5	11	黄大财	83.5	83	76	95.5	良好			
14传媒5	12	张来恩	85	98	92	71	良好			
14传媒5	13	毛飞茹	79	90.5	99.5	91.5	优秀			
14传媒5	14	张小画	87	81.5	84.5	89	中等			
14传媒5	15	赵如飞	80	87	95	88	中等			
14传媒5	16	李来顺	82	89.5	79	77	中等			
14传媒5	17	杨永远	88	97	90.5	65.5	良好			
14传媒5	18	张红成	79	83	82	74	优秀			
14传媒5	19	丰小满	81	84	83	85.5	中等			
14传媒5	20	孙中利	81	85.5	93	76	良好			
14传媒5	21	周游	86	92	84.5	68	中等			
14传媒5	22	李开光	86	79.5	89	63	良好			
14传媒5	23	张回复	73	92.5	90.5	69	不及格			
14传媒5	24	李渊渊	70.5	81	82.5	72.5	中等			
14传媒5	25	张家宜	76.5	90.5	90	35	中等			
14传媒5	26	丁香花	82.5	0	84.5	79.5	良好			

图17.4　录入所有数据

6. 将"心理健康"所在列的等第转换为具体数据。

（1）单击 I 列,单击鼠标右键,在弹出的快捷菜单中选择"插入",则插入一空白列。

（2）选中 I2 单元格,录入"心理健康分数"。

（3）选中 I3 单元格,录入公式" = IF(H3 ="优秀",90, IF(H3 ="良好",80, IF(H3 ="中等",70, IF(H3 ="及格",60, 50)))))",按回车键得出结果。

（4）选中 I3 单元格,用鼠标拖曳其填充柄至 I28 单元格,将公式复制到 I4:I28 单元格区域中,即可计算出所有的对应分数,如图17.5所示。

构	心理健康	心理健康	总分
	良好	80	
	良好	80	
	良好	80	
	中等	70	
	中等	70	
	及格	60	
	中等	70	
	中等	70	
	优秀	90	
	中等	70	
	良好	80	
	良好	80	
	优秀	90	
	中等	70	
	中等	70	
	中等	70	
	良好	80	
	优秀	90	
	中等	70	
	良好	80	
	中等	70	
	良好	80	
	不及格	50	
	中等	70	
	中等	70	
	良好	80	

图17.5　计算出所有的对应分数

技能加油站

IF 语句中所有的标点符号(包括括号、引号、逗号等)全部用英文半角符号。

7. 计算每个学生的总分。

（1）选中 J3 单元格。

（2）执行【公式】→【函数库】→【插入函数】命令，出现如图 17.6 所示的"插入函数"对话框。

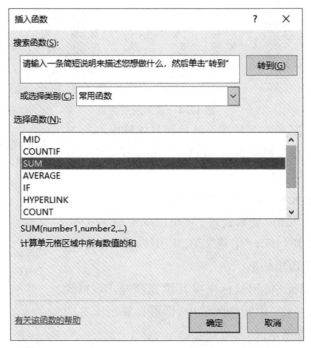

图 17.6 "插入函数"对话框

（3）选中"SUM"函数，单击"确定"按钮，打开"函数参数"对话框，在"Number1"文本框中选择"D3：G3"，在"Number2"文本框中选择"I3"，如图 17.7 所示，单击"确定"按钮。

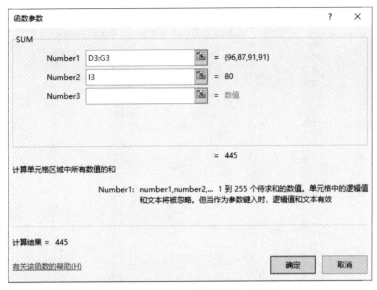

图 17.7　SUM 函数的参数对话框

（4）选中 J3 单元格,用鼠标拖曳其填充柄至 J28 单元格,将公式复制到 J4:J28 单元格区域中,可计算出所有的对应分数。

8. 计算按总分降序排序。

（1）选中 K3 单元格。

（2）执行【公式】→【函数库】→【插入函数】命令,出现"插入函数"对话框。

（3）选中"RANK"函数,单击"确定"按钮,打开"函数参数"对话框,在"Number"文本框中选择"J3",在"Ref"文本框中选择"$J\$3:\$J\$28$",在"Order"文本框中输入"0"或者忽略,如图 17.8 所示,单击"确定"按钮。

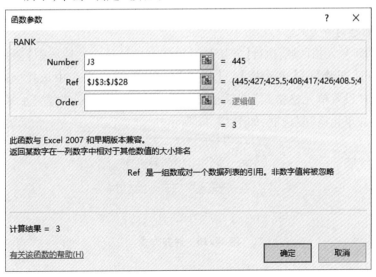

图 17.8　RANK 函数的参数对话框

（4）选中 K3 单元格,用鼠标拖曳其填充柄至 K28 单元格,将公式复制到 K4:K28 单元格区域中,可计算出所有的对应排名,如图 17.9 所示。

	A	B	C	D	E	F	G	H	I	J	K
1	学生期末成绩										
2	班级	学号	姓名	语文	动漫技法	二维动画	数据结构	心理健康	心理健康分	总分	排名
3	14传媒5	01	李敏	96	87	91	91	良好		445	3
4	14传媒5	02	张亮	95	83	86.5	82.5	良好	80	427	4
5	14传媒5	03	王小丫	83	85	87	90.5	良好	80	425.5	7
6	14传媒5	04	张大宝	88.5	88.5	85	76	中等	70	408	15
7	14传媒5	05	赵紫阳	88.5	91	91.5	76	中等	70	417	11
8	14传媒5	06	曲鸢鸢	96	94	93.5	82.5	及格	60	426	5
9	14传媒5	07	董浩天	90	89	84	75.5	中等	70	408.5	14
10	14传媒5	08	杨双双	81	83	77.5	91.5	中等	70	403	18
11	14传媒5	09	欧阳快	84.5	86	90.5	96	优秀	90	447	2
12	14传媒5	10	幕荣发	91	86.5	78	73	中等	70	398.5	20
13	14传媒5	11	黄大财	83.5	83	76	95.5	良好	80	418	10
14	14传媒5	12	张来恩	85	98	92	71	良好	80	426	5
15	14传媒5	13	毛飞茹	79	90.5	99.5	91.5	优秀	90	450.5	1
16	14传媒5	14	张小画	87	81.5	84.5	89	中等	70	412	13
17	14传媒5	15	赵如飞	80	87	95	88	中等	70	420	9
18	14传媒5	16	李来顺	82	89.5	79	77	中等	70	397.5	21
19	14传媒5	17	杨永远	88	97	90.5	65.5	良好	80	421	8
20	14传媒5	18	张红成	79	83	82	74	优秀	90	408	15
21	14传媒5	19	丰小满	81	84	85.5	85.5	中等	70	403.5	17
22	14传媒5	20	孙中利	81	85.5	93	76	良好	80	415.5	12
23	14传媒5	21	周游	86	92	84.5	68	中等	70	400.5	19
24	14传媒5	22	李开光	86	79.5	89	63	良好	80	397.5	21
25	14传媒5	23	张回夏	73	92.5	90.5	69	不及格	50	375	24
26	14传媒5	24	李渊渊	70.5	81	82.5	72.5	中等	70	376.5	23
27	14传媒5	25	张豪宜	76.5	90.5	89	35	中等	70	361	25
28	14传媒5	26	丁香花	82.5	0	84.5	79.5	良好	80	326.5	26

图 17.9　计算排名

技能加油站

　　RANK 函数参数 Ref 中的地址一定要是绝对地址,在拖曳填充的过程中,地址才不会跟着变化。

▶▶ **任务3　格式化表格**

1. 设置标题对齐方式。

选择 A1:K1 单元格区域,执行【开始】→【对齐方式】→【合并后居中】命令,如图 17.10 所示;或者执行【开始】→【单元格】→【格式】命令,在下拉列表中选择"设置单元格格式",在打开的"设置单元格格式"对话框中选择"对齐"选项卡,设置"水平对齐"为"居中",选中"合并单元格"复选框,如图 17.11 所示。

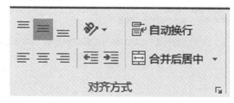

图 17.10　对齐方式

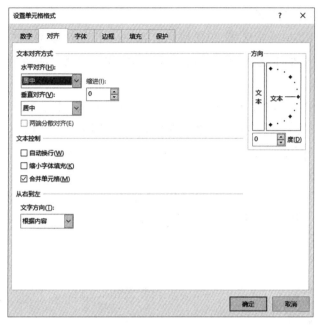

图 17.11　"对齐"选项卡

2. 设置标题字体。

单击标题,执行【开始】→【字体】命令,"字体"选择"宋体","字号"选择"20","字形"选择"加粗","颜色"选择"蓝色"(标准色)。

3. 设置表格边框线。

选择 A2:K28 单元格区域,单击鼠标右键,在弹出的快捷菜单中选择"设置单元格格式",在打开的对话框中选择"边框"选项卡,如图 17.12 所示,选择线型"━━━",单击"外边框",选择线型"───",单击"内部"。

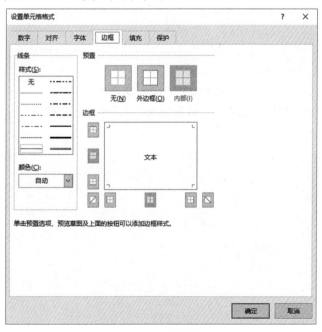

图 17.12　"边框"选项卡

4. 设置单元格对齐方式。

（1）选中 A2:K2 单元格区域，单击鼠标右键，在弹出的快捷菜单中选择"设置单元格格式"，在打开的对话框中选择"对齐"选项卡，设置"水平对齐"为"居中"，"垂直对齐"为"居中"。

（2）用同样的方法，设置 A3:B28 单元格区域的内容的"水平对齐"为"靠左"，"垂直对齐"为"居中"；设置 C3:C28 的内容的"水平对齐"为"居中"，"垂直对齐"为"居中"；设置 D3:K28 的内容的"水平对齐"为"靠右"，"垂直对齐"为"居中"。

5. 设置单元格底纹。

（1）选中 A2:K2，单击鼠标右键，在弹出的快捷菜单中选择"设置单元格格式"，在打开的对话框中选择"填充"选项卡，如图 17.13 所示。

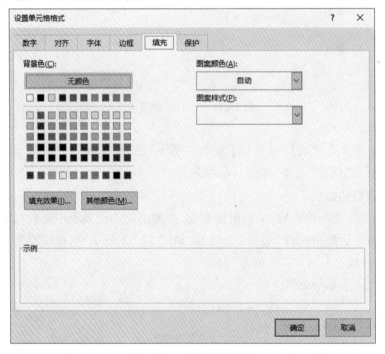

图 17.13　"填充"选项卡

（2）单击"填充效果"按钮，打开"填充效果"对话框，按图 17.14 所示进行设置，单击"确定"按钮。

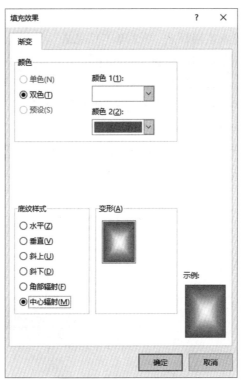

图 17.14　"填充效果"对话框

 拓展项目

制作如图 17.15 所示的学生基本信息表。

	学号	姓名	年级代码	专业代码	具体学号
1			学生基本信息表		
2	学号	姓名	年级代码	专业代码	具体学号
3	132309	刘海东	13	23	09
4	148734	黄梅	14	87	34
5	151234	张勇	15	12	34
6	142311	王惠	14	23	11
7	162345	王萍	16	23	45
8	132323	张永强	13	23	23
9	132325	刘军	13	23	25
10	132312	赵国利	13	23	12
11	132334	李丽	13	23	34
12	148701	许大为	14	87	01
13	148708	李东海	14	87	08
14	148722	王静	14	87	22
15	148735	王志飞	14	87	35
16	151223	陈义	15	12	23
17	151202	王梅	15	12	02
18	151207	程建茹	15	12	07
19	151236	张敏	15	12	36
20	162340	林琳	16	23	40
21	162306	王潇妃	16	23	06
22	162316	韩柳	16	23	16
23	162356	王冬	16	23	56

图 17.15　"学生基本信息表"样张

具体操作步骤如下：

1. 在 A1 单元格中输入表格标题"学生基本信息表"。

2. 输入相关内容,如图 17.16 所示。

3. 设置单元格格式,效果如图 17.17 所示。

(1) 选中工作表中的 A1:E1 单元格区域,执行【开始】→【对齐方式】→【合并后居中】命令,在"字号"下拉列表中选择"26"。

(2) 选中 A2:E2 单元格区域,执行【开始】→【对齐方式】→【居中】命令。

(3) 选中 A2:E2 单元格区域,在"字体"下拉列表中选择"黑体",在"字号"下拉列表中选择"14"。

(4) 执行【开始】→【字体】→【填充颜色】命令,在弹出的下拉列表中选择"蓝色,个性色 5,淡色 40%"选项。

(5) 调整各列为合适列宽。

学生基本信息表				
学号	姓名	年级代码	专业代码	具体学号
132309	刘海东			
148734	黄梅			
151234	张勇			
142311	王惠			
162345	王萍			
132323	张永强			
132325	刘军			
132312	赵国利			
132334	李丽			
148701	许大为			
148708	李东海			
148722	王静			
148735	王志飞			
151223	陈义			
151202	王梅			
151207	程建茹			
151236	张敏			
162340	林琳			
162306	王满妃			
162316	韩柳			
162356	王冬			

图 17.16　输入内容后的表格

学生基本信息表				
A	B	C	D	E
学号	姓名	年级代码	专业代码	具体学号
132309	刘海东			
148734	黄梅			
151234	张勇			
142311	王惠			
162345	王萍			
132323	张永强			
132325	刘军			
132312	赵国利			
132334	李丽			
148701	许大为			
148708	李东海			
148722	王静			
148735	王志飞			
151223	陈义			
151202	王梅			
151207	程建茹			
151236	张敏			
162340	林琳			
162306	王满妃			
162316	韩柳			
162356	王冬			

图 17.17　设置单元格格式后的表格

4. 求"年级代码""专业代码""具体学号"。

"学号"的前两位为"年级代码",中间两位为"专业代码",最后两位为"具体学号"。

求年级代码的具体操作步骤如下：

(1) 选中 C3 单元格。

(2) 执行【公式】→【函数库】→【插入函数】命令,出现"插入函数"对话框。

(3) 选中"MID"函数,单击"确定"按钮,打开"函数参数"对话框,在"Text"文本框中选择"A3",在"Start_num"文本框中输入"1",在"Num_chars"文本框中输入"2",如图 17.18 所示,单击"确定"按钮。

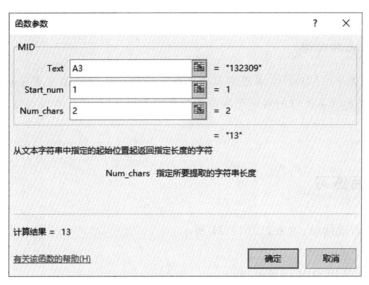

图 17.18　MID 函数的参数对话框

（4）选中 C3 单元格，用鼠标拖曳其填充柄至 C23 单元格，将公式复制到 C4:C23 单元格区域中，可求出所有的对应年级代码，如图 17.19 所示。

（5）用相同的方法求出专业代码和具体学号，效果如图 17.20 所示。

学号	姓名	年级代
132309	刘海东	13
148734	黄梅	14
151234	张勇	15
142311	王惠	14
162345	王萍	16
132323	张永强	13
132325	刘军	13
132312	赵国利	13
132334	李丽	13
148701	许大为	14
148708	李东海	14
148722	王静	14
148735	王志飞	14
151223	陈义	15
151202	王梅	15
151207	程建茹	15
151236	张敏	15
162340	林琳	16
162306	王潇妃	16
162316	韩柳	16
162356	王冬	16

图 17.19　用 MID 函数求年级代码

学生基本信息表

学号	姓名	年级代码	专业代码	具体学号
132309	刘海东	13	23	09
148734	黄梅	14	87	34
151234	张勇	15	12	34
142311	王惠	14	23	11
162345	王萍	16	23	45
132323	张永强	13	23	23
132325	刘军	13	23	25
132312	赵国利	13	23	12
132334	李丽	13	23	34
148701	许大为	14	87	01
148708	李东海	14	87	08
148722	王静	14	87	22
148735	王志飞	14	87	35
151223	陈义	15	12	23
151202	王梅	15	12	02
151207	程建茹	15	12	07
151236	张敏	15	12	36
162340	林琳	16	23	40
162306	王潇妃	16	23	06
162316	韩柳	16	23	16
162356	王冬	16	23	56

图 17.20　用 MID 函数求专业代码和具体学号

技能加油站

　　MID 函数中的"Text"文本框内容为准备从中提取字符串的主要字符串,"Start_num"文本框是准备提取的第一个字符的位置,"Num_chars"文本框指定要提取的字符串的长度。

　课后练习

1.制作招聘成绩单,效果如图 17.21 所示。

要求:

(1)笔试成绩用 SUM 函数求得。

(2)总成绩 = 笔试成绩 + 面试成绩。

(3)平均成绩 = 总成绩/6。

(4)合格与否对应的单元格用 IF 函数来完成。

招聘成绩单									
序号	姓名	笔试项目				笔试成绩	面试成绩	总成绩	平均成绩	合格与否（平均成绩高于15则合格）
		专业课	计算机操作	英语水平	写作能力					
1	陈少华	12	15	10	8	45	43	88	14.67	不合格
2	李艳	11	8	11	10	40	36	76	12.67	不合格
3	黄飞飞	10	8	11	9	38	35	73	12.17	不合格
4	陈斌	8	7	11	9	35	41	76	12.67	不合格
5	田蓉	11	8	15	9	43	47	90	15.00	不合格
6	彭芳	11	11	9	11	42	26	68	11.33	不合格
7	段小芬	12	10	10	7	39	35	74	12.33	不合格
8	赵刚	6	10	7	9	32	25	57	9.50	不合格
9	沈永	10	10	6	11	37	41	78	13.00	不合格
10	曾家刘	10	10	8	11	39	36	75	12.50	不合格
11	邓江	10	10	12	10	42	28	70	11.67	不合格
12	孙潇潇	7	10	7	11	35	30	65	10.83	不合格
13	李文奥	10	12	11	11	44	37	81	13.50	不合格
14	喻刚	11	6	12	6	35	49	84	14.00	不合格
15	张明	6	6	11	8	31	48	79	13.17	不合格
16	郑燕	10	11	6	10	37	31	68	11.33	不合格
17	汪雪	11	10	12	11	44	47	91	15.17	合格
18	钱小君	9	10	8	7	34	27	61	10.17	不合格
19	唐琦	7	8	10	6	31	35	66	11.00	不合格
20	杨雪	8	8	6	10	32	45	77	12.83	不合格

图 17.21　"招聘成绩单"样张

2. 制作试用考核表,效果如图 17.22 所示。

要求:考核意见用 IF 函数完成。

试用考核表									
姓名	试用周期	岗位	出勤情况	适应性	工作能力	人际关系	责任心	考核总分	考核意见
竹光明	1个月	客服主管	12	17	18	15	19	81	录用
张树人	1个月	行政专员	16	15	15	14	18	78	录用
李晓兵	1个月	程序员	19	12	18	16	12	77	录用
王云韬	1个月	网页设计	10	16	18	19	13	76	录用
卢红	1个月	行政专员	18	13	12	16	17	76	录用
曾晓欧	1个月	客服主管	15	17	16	11	16	75	录用
蒙博	1个月	网页设计	19	10	19	13	14	75	录用
汪春明	1个月	网页设计	11	16	14	18	16	75	录用
张万发	1个月	行政专员	14	14	13	19	11	71	辞退
谢芳	1个月	程序员	13	18	13	10	17	71	辞退
关天雨	1个月	客服主管	17	14	15	14	11	71	辞退
鲁妙	1个月	程序员	11	18	12	15	14	70	辞退
倪淼	1个月	行政专员	10	14	18	13	15	70	辞退
尧燕	1个月	网页设计	15	12	19	11	11	68	辞退
万杰	1个月	网页设计	11	17	11	17	12	68	辞退
高忠慧	1个月	行政专员	10	16	10	11	18	65	辞退
李静	1个月	行政专员	11	13	18	11	10	63	辞退
梁珊	1个月	程序员	11	15	10	12	13	61	辞退
刘伟	1个月	程序员	10	12	15	11	12	60	辞退
张晓晓	1个月	客服主管	10	11	13	11	11	56	辞退

图 17.22 "试用考核表"样张

 **项目小结**

本项目通过"学生期末成绩表""学生基本信息表""招聘成绩单""试用考核表"等表格的制作,使读者学会工作表中 IF、RANK、MID、SUM 等函数的使用。读者在学会项目案例制作的同时,能够将所学知识活学活用到实际工作和生活中。

项目十八

产品销售明细表的制作

 **项目简介**

    预测分析的方法主要有两种,即定量预测法和定性预测法。定量预测法是在掌握预测与对象有关的各种要素的定量资料的基础上,运用现代数学方法进行数据处理,据此建立能够反映有关变量之间规律联系的各类预测方法体系,它可分为趋势外推分析法和因果分析法;定性预测法是指由有关方面的专业人员或专家根据自己的经验和知识,结合预测对象的特点进行分析,对事物的未来状况和发展趋势做出推测的预测方法。如图 18.1 所示就是用 Excel 软件制作的产品销售明细表。

	A	B	C	D	E	F
			A产品销售数据明细			
	月份	销售量	售价	销售额	销售成本	实现利润
	1	345	56	19320	15456	3864
	2	234	67	15678	12542.4	3135.6
	3	567	65	36855	29484	7371
	4	789	91	71799	57439.2	14359.8
	5	976	45	43920	35136	8784
	6	645	89	57405	45924	11481
	7	678	85	57630	46104	11526
	8	776	93	72168	57734.4	14433.6
	9	655	56	36680	29344	7336
	10	788	67	52796	42236.8	10559.2
	11	978	66	64548	51638.4	12909.6
	12	567	55	31185	24948	6237

图 18.1 "产品销售明细表"样张

 **知识点导入**

    1. 单元格区域命名:选中单元格区域,在"名称"框中输入名称。

    2. 数据分析:执行【数据】→【分析】→【数据分析】命令,打开"数据分析"对话框,在列表框中选择"回归"选项,单击"确定"按钮。

解决方案

▶▶ 任务1 新建工作簿

1. 启动 Excel 2016,新建空白工作簿。
2. 将新建的工作簿保存在桌面上,文件名为"产品销售明细表"。

▶▶ 任务2 输入表格相关内容

1. 新建工作表。

新建工作表,并依次命名为"明细""销售预测""利润预测""成本预测",如图 18.2 所示。

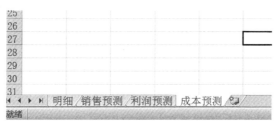

图 18.2 新建四张工作表

2. 录入"明细"工作表。

(1)切换到"明细"工作表,输入标题、字段、基本数据,效果如图 18.3 所示。

	A	B	C	D	E	F
1	A产品销售数据明细					
2	月份	销售量	售价	销售额	销售成本	实现利润
3	1	345	56			
4	2	234	67			
5	3	567	65			
6	4	789	91			
7	5	976	45			
8	6	645	89			
9	7	678	85			
10	8	776	93			
11	9	655	56			
12	10	788	67			
13	11	978	66			

图 18.3 输入基本数据

(2)计算销售额。

公式为:销售额 = 销售量×售价。

(3)计算销售成本。

公式为:销售成本 = 销售额×0.8。

(4)计算实现利润。

公式为:实现利润 = 销售额 - 销售成本。

计算完成后的效果如图 18.4 所示。

A产品销售数据明细					
月份	销售量	售价	销售额	销售成本	实现利润
1	345	56	19320	15456	3864
2	234	67	15678	12542.4	3135.6
3	567	65	36855	29484	7371
4	789	91	71799	57439.2	14359.8
5	976	45	43920	35136	8784
6	645	89	57405	45924	11481
7	678	85	57630	46104	11526
8	776	93	72168	57734.4	14433.6
9	655	56	36680	29344	7336
10	788	67	52796	42236.8	10559.2
11	978	66	64548	51638.4	12909.6
12	567	55	31185	24948	6237

图 18.4　计算销售额、销售成本、实现利润

（5）给单元格区域命名。

① 选中 A3：A14 单元格区域，执行【公式】→【名称管理器】→【新建】命令，在"名称"框中输入"月份"，如图 18.5 所示。

图 18.5　给 A3：A14 单元格区域命名

② 按相同的方法给其他单元格区域命名。

3．预测销售数据。

（1）切换到"销售预测"工作表，在 A1：B14 单元格内创建框架数据，如图 18.6 所示。

A	B
A产品销售预测分析	
月份	销售额

图 18.6　框架数据

（2）月份引用。

选中 A3：A14 单元格区域，在"编辑栏"中输入" ＝月份"，按【Ctrl】+【Enter】组合键引用"明细"工作表中的数据。

（3）预测"销售额"。

① 选中 B3：B14 单元格区域，在编辑栏中输入" ＝销售额"，按【Ctrl】+【Enter】组合

键引用"明细"工作表中的数据。

② 执行【数据】→【分析】→【数据分析】命令,打开"数据分析"对话框,在列表框中选择"回归"选项,打开"回归"对话框,如图 18.7 所示。

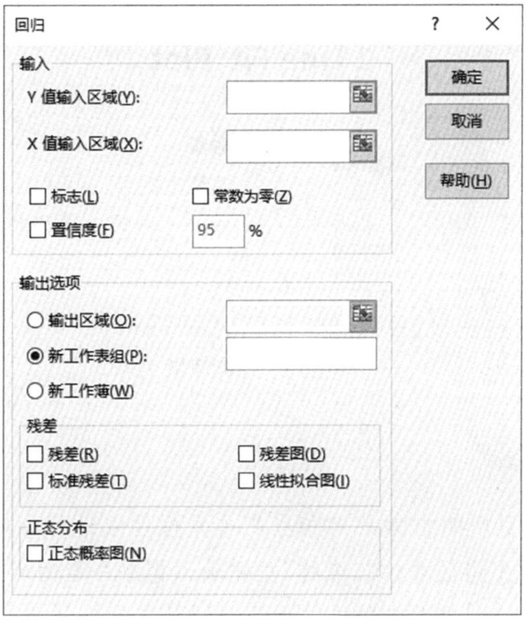

图 18.7 "回归"对话框

③ 在"Y 值输入区域"和"X 值输入区域"文本框中分别输入" $B$3:$B$14"和" $A$3:$A$14",单击选中"输出区域"单选按钮,将输出区域指定为" $D$2",然后分别单击选中"标志""残差""线性拟合图"复选框,最后单击"确定"按钮,参数设置如图 18.8 所示。

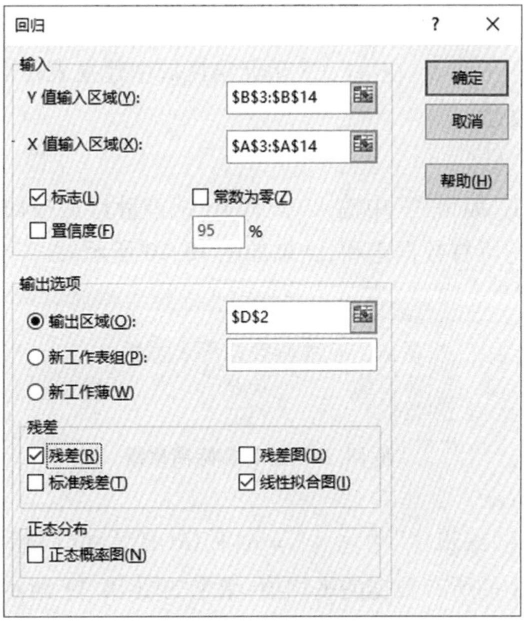

图 18.8 参数设置

④ 此时将显示回归数据分析工具根据提供的单元格区域的数据得到的预测结果,其中还配以散点图来直观地显示数据趋势。通过图表以及工作表中的"SUMMARY OUT-PUT"栏下的数据便可查看预测的销售数据及趋势,如图 18.9 所示。

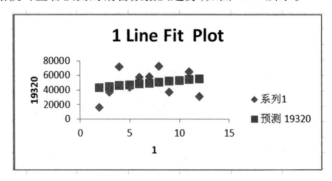

图 18.9　预测结果

 技能加油站

　1. 单元格区域引用的前提是对相应的单元格区域进行命名,单元格区域命名的方法如下:选中单元格区域,在"名称"框中输入需要命名的名字,按回车键即可。

　2. 显示【数据分析】选项卡的方法如下:执行【文件】→【选项】命令,打开"Excel 选项"对话框,在左侧选中"加载项",在右侧单击"转到"按钮,打开"加载宏"对话框,选中"分析工具库"复选框,单击"确定"按钮。

4. 预测利润数据。

(1)建立表格框架数据。

切换到"利润预测"工作表,在 A1:C8 单元格区域中建立表格框架数据,然后在 C8 单元格中输入目标利润数据。

(2)计算实际销售量。

选中 B3 单元格,在"编辑栏"中输入" =SUM(销售量)"后按回车键,表示计算名称为"销售量"的单元格中的所有数据之和,结果如图 18.10 所示。

	A	B	C
1	A产品利润预测分析		
2	项目	实际数据	预测数据
3	销售量	7998	
4	售价		

图 18.10　计算实际销售量

(3)计算实际售价。

选中 B4 单元格,在"编辑栏"中输入" =AVERAGE(售价)"后按回车键,表示计算名称为"售价"的单元格中的所有数据的平均值,结果如图 18.11 所示。

图 18.11   计算实际售价

（4）计算变动范围。

选中 B5 单元格，在"编辑栏"中输入" = AVERAGE(MAX(售价) – B4, B4 – MIN(售价))"后按回车键，表示计算名称为"售价"的单元格中的所有数据的平均值，结果如图18.12 所示。

图 18.12   计算变动范围

（5）计算固定成本。

选中 B6 单元格，在"编辑栏"中输入" = SUM(销售成本)"后按回车键，结果如图 18.13 所示。

图 18.13   计算固定成本

（6）计算目前利润。

选中 B7 单元格，在"编辑栏"中输入" = SUM(实现利润)"后按回车键，结果如图 18.14所示。

图 18.14   计算目前利润

（7）预测销售量。

选中 C3 单元格,在"编辑栏"中输入" =（C8＋B6）/（B4－B5）"后按回车键,结果如图 18.15所示。

	A	B	C
	A产品利润预测分析		
	项目	实际数据	预测数据
	销售量	7998	31765.72
	售价	69.58333	

图 18.15　预测销售量

（8）预测售价。

选中 C4 单元格,在"编辑栏"中输入" =（C8＋B6）/B3"后按回车键,结果如图 18.16 所示。

	A	B	C
	A产品利润预测分析		
2	项目	实际数据	预测数据
	销售量	7998	31765.72
	售价	69.58333	181.0437
5	变动范围	24	

图 18.16　预测售价

（9）预测固定成本。

选中 C6 单元格,在"编辑栏"中输入" ＝B3＊（B4－B5）－C8"后按回车键,如图 18.17 所示。

	A	B	C
	A产品利润预测分析		
	项目	实际数据	预测数据
	销售量	7998	31765.72
	售价	69.58333	181.0437
	变动范围	24	
	固定成本	447987.2	－635425

图 18.17　预测固定成本

5．预测成本数据。

（1）创建框架数据。

切换到"成本预测"工作表,创建框架数据,如图 18.18 所示。

	A	B	C
1	A产品销售预测分析		
2	月份	销售量	销售成本
3			
4			

图 18.18　预测成本数据框架

（2）引用数据。

引用月份、销售量和销售成本数据,如图 18.19 所示。

	A	B	C
1	A产品销售预测分析		
2	月份	销售量	销售成本
3	1	345	276
4	2	234	187.2
5	3	567	453.6
6	4	789	631.2
7	5	976	780.8
8	6	645	516
9	7	678	542.4
10	8	776	620.8
11	9	655	524
12	10	788	630.4
13	11	978	782.4
14	12	567	453.6

图 18.19 引用的数据

（3）预测成本。

执行【数据】→【分析】→【数据分析】命令，打开"数据分析"对话框，在列表框中选择"回归"选项，单击"确定"按钮，将"Y 值输入区域"和"X 值输入区域"分别设置为" $C$3：$C$14"和" $B$3：$B$14"，单击选中"输出区域"单选按钮，将"输出区域"指定为" $E$2"，选中"残差""线性拟合图"复选框，最后单击"确定"按钮，得到预测结果，如图 18.20 所示。

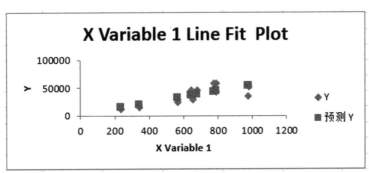

图 18.20 预测成本

▶▶ 任务 3   格式化表格

1. 设置标题对齐方式。

选择 A1:F1 单元格区域，执行【开始】→【对齐方式】→【合并后居中】命令。

2. 设置标题字体。

单击选中标题，设置"字体"为"宋体"，"字号"为"20"，"字形"为"加粗"，"颜色"为"蓝色"（标准色）。

3. 设置单元格底纹。

选中 A2:F2 单元格区域，单击鼠标右键，在弹出的快捷菜单中选择"设置单元格格式"，在打开的对话框中选择"填充"选项卡，在"背景色"中选中"黄色"，如图 18.21 所示。

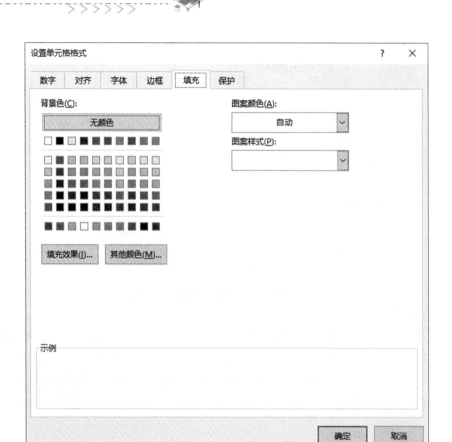

图 18.21 "填充"选项卡

"明细"工作表设置后的效果如图 18.1 所示。

4. 设置其他工作表。

按照"明细"工作表的设置方法对另外三张工作表进行设置。

 拓展项目

制作如图 18.22 所示的投资方案表。

方案	贷款总额	期限（年）	年利率	每年还款额	每季度还款额	每月还款额
			甲银行信贷方案			
1	¥1,000,000.00	3	6.60%	¥378,270.1	¥92,538.8	¥30,694.5
2	¥1,500,000.00	5	6.90%	¥364,857.0	¥89,318.7	¥29,631.1
3	¥2,000,000.00	5	6.75%	¥484,520.7	¥118,655.9	¥39,366.9
4	¥2,500,000.00	10	7.20%	¥359,241.6	¥88,214.4	¥29,285.5

图 18.22 "投资方案表"样张

具体操作步骤如下：

1. 新建并保存"投资方案表"，输入并美化信贷方案的框架数据。

2. 输入相关内容，如图 18.23 所示。

方案	贷款总额	期限（年）	年利率	每年还款额	每季度还款额	每月还款额
			甲银行信贷方案			
1	¥1,000,000.00	3	6.60%			
2	¥1,500,000.00	5	6.90%			
3	¥2,000,000.00	5	6.75%			
4	¥2,500,000.00	10	7.20%			

图18.23　输入基本数据

3. 选中 E3:E6 单元格区域,在"编辑栏"中输入"=PMT(D3,C3,-B3)",按【Ctrl】+【Enter】组合键,计算每年还款额。

4. 选中 F3:F6 单元格区域,在"编辑栏"中输入"=PMT(D3/4,C3*4,-B3)",按【Ctrl】+【Enter】组合键,计算每季度还款额。

5. 选中 G3:G6 单元格区域,在"编辑栏"中输入"=PMT(D3/12,C3*12,-B3)",按【Ctrl】+】Enter】组合键,计算每月还款额。

完成计算后的表格如图18.24所示。

方案	贷款总额	期限（年）	年利率	每年还款额	每季度还款额	每月还款额
			甲银行信贷方案			
1	¥1,000,000.00	3	6.60%	¥378,270.1	¥92,538.8	¥30,694.5
2	¥1,500,000.00	5	6.90%	¥364,857.0	¥89,318.7	¥29,631.1
3	¥2,000,000.00	5	6.75%	¥484,520.7	¥118,655.9	¥39,366.9
4	¥2,500,000.00	10	7.20%	¥359,241.6	¥88,214.4	¥29,285.5

图18.24　完成计算后的表格

课后练习

1. 制作成本预测趋势图,效果如图18.25所示。

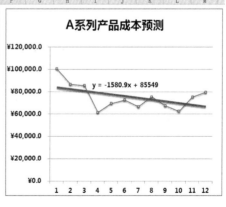

图18.25　"成本预测趋势图"样张

2. 制作施工方案表,效果如图 18.26 所示。

	方案摘要	当前值:		B队	C队	D队	E队
7							
8	方案摘要						
9		当前值:		B队	C队	D队	E队
10	可变单元格:						
11	$B$3	15		20	10	10	15
12	$B$4	1.5		1.2	1.4	1.2	1.3
13	$B$5	11.6		8.4	14.3	15.8	8.5
14	结果单元格:						
15	$B$6	3920		4032	2002	1896	2486.25
16	注释: "当前值"这一列表示的是在						
17	建立方案汇总时可变单元格的值。						
18	每组方案的可变单元格均以灰色底纹突出显示。						

图 18.26　"施工方案表"样张

项目小结

　　本项目通过"产品销售明细表""投资方案表""成本预测趋势图""施工方案表"等表格的制作,使读者学会工作表中单元格区域的命名、函数 PMT、数据分析等功能的使用方法。读者在学会项目案例制作的同时,能够将所学知识活学活用到实际工作和生活中。

项目十九

竞赛项目幻灯片的制作

 项目简介

PowerPoint 2016 是 Microsoft Office 2016 中的一员,主要用于设计、制作信息展示领域的各种电子演示文稿,如产品宣传或介绍、公司会议、市场推广及项目报告等。PowerPoint 2016 使演示文稿的编制更加容易和直观。如图 19.1 所示就是利用 PowerPoint 2016 制作出来的徐州马拉松(以下简称"徐马")竞赛项目介绍。

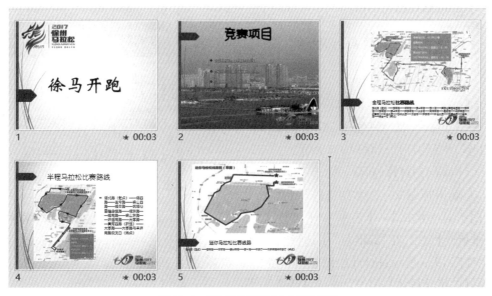

图 19.1 "徐马竞赛项目介绍"样张

知识点导入

1. 新建、保存演示文稿:启动 PowerPoint 2016,执行【文件】→【保存】或【另存为】命令。

2. 新增幻灯片：执行【开始】→【幻灯片】→【新建幻灯片】命令，选择适合的版式。

3. 设置幻灯片主题：执行【设计】→【主题】命令，选择适合的主题。

4. 设置幻灯片背景：执行【设计】→【自定义】→【设置背景格式】命令。

5. 设置幻灯片切换效果：执行【切换】→【切换到此幻灯片】命令。

6. 设置超链接：执行【插入】→【链接】→【超链接】命令。

7. 设置幻灯片母版：执行【视图】→【母版视图】→【幻灯片母版】命令。

8. 设置幻灯片放映：执行【幻灯片放映】→【设置】→【设置幻灯片放映】命令。

9. 打印幻灯片：执行【文件】→【打印】命令。

▶▶ 任务1　新建演示文稿

1. 启动 PowerPoint 2016，新建演示文稿。
2. 将新建的演示文稿保存在桌面上，文件名为"徐马竞赛项目介绍"。
3. 新建第 1 张标题幻灯片。
4. 添加标题"徐马开跑"，并设置为"华文新魏""96"。
5. 删除副标题文本框。

▶▶ 任务2　新增幻灯片

1. 新建第 2 张幻灯片。

（1）执行【开始】→【幻灯片】→【新建幻灯片】命令，插入一张版式为"标题和内容"的新幻灯片，如图 19.2 所示。

（2）编辑幻灯片内容。

① 输入标题文字"竞赛项目"，执行【绘图工具—格式】→【艺术字样式】→【文本填充】命令，在"标准色"中选择"深蓝"，如图 19.3 所示；执行【绘图工具—格式】→【艺术字样式】→【文本轮廓】命令，在"标准色"中选择"深蓝"，如图 19.4 所示。

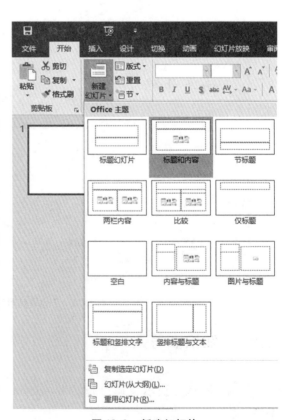

图 19.2　新建幻灯片

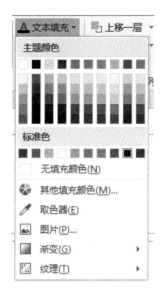

图 19.3　设置文本填充　　　　　图 19.4　设置文本轮廓

② 执行【绘图工具—格式】→【艺术字样式】→【文本效果】命令,在下拉列表选择"转换"下"弯曲"中的"朝鲜鼓",如图 19.5 所示,把插入的艺术字大小调整至合适大小,并拖动到标题的位置。

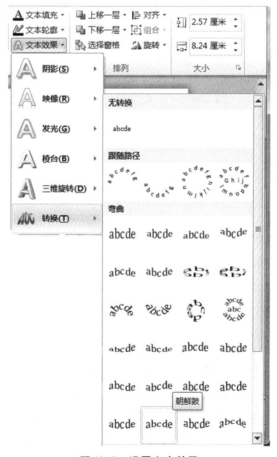

图 19.5　设置文本效果

③ 按照屏幕提示在文本框中单击鼠标,添加如图 19.6 所示的文本内容,段落设置双倍行距。

全程马拉松 (42.195千米)

半程马拉松 (21.0975千米)

迷你马拉松 (7.5千米)

图 19.6   竞赛项目

④ 选中文本,执行【开始】→【段落】→【项目符号】命令,在下拉列表中选择"带填充效果的钻石形项目符号",如图 19.7 所示。

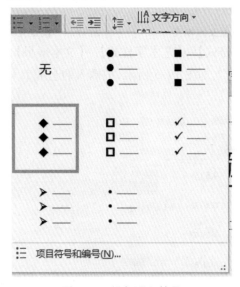

图 19.7   添加项目符号

技能加油站

执行【开始】→【段落】→【项目符号】命令,在下拉列表中选择"项目符号和编号",在打开的"项目符号和编号"对话框中还可单击"图片"按钮,在打开的"插入图片"对话框中搜索图片作为项目符号。

2. 新建第 3 张幻灯片。

(1) 执行【开始】→【幻灯片】→【新建幻灯片】命令,插入一张版式为"图片与标题"的新幻灯片,在幻灯片的标题中输入"全程马拉松比赛路线"。

(2) 在下方的文本框中输入"湖北路(起点)—湖西路—玉带路—珠山西路—湖中路—滨湖公园健身道路—湖东路—湖南路—珠山东路—环湖南路—大学路—黄河西路—

泉新路—三环南路—御景路—昆仑大道—彭祖大道—天目路—环湖路—昆仑大道—汉源大道—紫金路—奥体中心（终点）"。

（3）在右边的内容框中单击图标添加图片，添加素材文件中的全程马拉松路线图"全马.JPG"，按照样张对幻灯片中的字体、颜色等进行适当的设置，再适当地调整图片的位置和大小，如图19.8所示。

全程马拉松比赛路线

湖北路（起点）—湖西路—玉带路—
珠山西路—湖中路—滨湖公园健身道路
—湖东路—湖南路—珠山东路—
环湖南路—大学路—黄河西路—泉新
路—三环南路—御景路—昆仑大道—
彭祖大道—天目路—环湖路—昆仑
大道—汉源大道—紫金路—奥体中心
（终点）

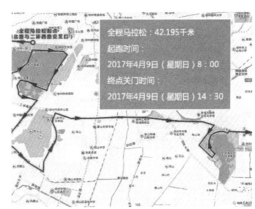

图19.8　第3张幻灯片效果

3. 新建第4张幻灯片。

（1）执行【开始】→【幻灯片】→【新建幻灯片】命令，插入一张版式为"内容与标题"的新幻灯片，在幻灯片的标题中输入"半程马拉松比赛路线"。

（2）在右侧的内容本框中插入素材文件中的半程马拉松路线图"半马.JPG"的图片，在左侧文本框中输入文本"湖北路（起点）—湖西路—玉带路—珠山西路—湖中路—滨湖公园健身道路—湖东路—湖南路—珠山东路—环湖南路—大学路—黄河西路（折返）—大学路—大学路与三环南路交叉口（终点）"，如图19.9所示。按照样张再适当地调整图片和文字。

半程马拉松比赛路线

湖北路（起点）—湖西路—玉带
路—珠山西路—湖中路—滨湖
公园健身道路—湖东路—湖南
路—珠山东路—环湖南路—大
学—黄河西路（折返）—大学
路—大学路与三环南路交叉口（终
点）

图19.9　第4张幻灯片效果

4. 新建第5张幻灯片。

（1）执行【开始】→【幻灯片】→【新建幻灯片】命令，插入一张版式为"图片与标题"

的新幻灯片,在幻灯片的标题中输入"迷你马拉松比赛路线"。

(2)在下方的文本框中输入"湖北路(起点)—湖西路—玉带路—珠山西路—湖中路—音乐厅—二环西路近音乐厅(终点)"。

(3)在右侧的内容框中单击图标添加图片,添加素材文件中的迷你马拉松路线图"迷你.JPEG",如图 19.10 所示。按照样张对幻灯片中的字体、颜色等进行适当的设置,再适当地调整图片的位置和大小。

图 19.10　第 5 张幻灯片效果

▶▶ **任务3　美化演示文稿**

1. 设置幻灯片主题。

执行【设计】→【主题】→【丝状】命令,修饰演示文稿,如图 19.11 所示,给所有幻灯片添加统一的主题。

图 19.11　设置幻灯片主题

2. 设置单张幻灯片背景。

选择第 2 张幻灯片,执行【设计】→【自定义】→【设置背景格式】命令,在右侧会出现"设置背景格式"任务窗格,如图 19.12 所示,单击"填充"中的"图片或纹理填充"单选按钮,单击"文件"按钮,在打开的对话框中选择图片,为第 2 张幻灯片添加素材文件夹中的

"背景. JPG"。

图 19.12　"设置背景格式"任务窗格

 技能加油站

在设置单张幻灯片背景时,还可选择"纯色填充""渐变填充""图案填充",根据需要设计不同的背景效果。

▶▶ **任务 4　创建超链接**

1. 选择第 2 张幻灯片中文本"全程马拉松(42.195 千米)",执行【插入】→【链接】→【超链接】命令,打开"插入超链接"对话框,如图 19.13 所示。

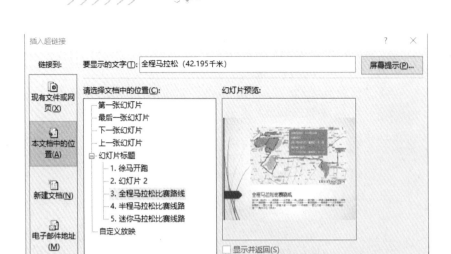

图 19.13　"插入超链接"对话框

2. 用同样的方法依次为文本"半程马拉松(21.095 千米)"和"迷你马拉松(7.5 千米)"添加超链接,使其分别链接到本文档中第 4 张和第 5 张幻灯片。

 技能加油站

　　设置超链接时,不仅可以链接到本文档中的指定位置,还可以链接到指定文件或 Web 页。

▶▶ **任务5　设置幻灯片母版**

1. 选择第 1 张幻灯片,执行【视图】→【母版视图】→【幻灯片母版】命令,打开幻灯片母版视图。

2. 执行【插入】→【图像】→【图片】命令,选择素材文件夹中的"首页图标. GIF",执行【图片工具—格式】→【调整】→【颜色】命令,在下拉列表中选择"设置透明色"设置图标为透明色,调整图片大小和位置,效果如图 19.14 所示。

图 19.14　"幻灯片母版"视图

3. 执行【幻灯片母版】→【关闭】→【关闭母版视图】命令,返回普通视图。

4. 分别为其余幻灯片添加幻灯片母版图片 ,将其置于右下角,设置为透明色,调整其大小和位置,并设置超链接,使其链接到第 2 张幻灯片。

技能加油站

设置幻灯片母版时,也可使用【插入】→【文本】→【文本框】命令,输入文字,调整文本框的大小和位置,使其作为母版文字出现在相同的版式中。

▶▶ **任务6 设置切换效果**

选择第 1 张幻灯片,单击【切换】选项卡,完成相关设置,如图 19.15 所示,最后单击"全部应用"按钮,该设置将应用于演示文稿中的全部幻灯片。

图 19.15 设置幻灯片切换效果

▶▶ **任务7 设置放映方式**

执行【幻灯片放映】→【设置】→【设置幻灯片放映】命令,打开"设置放映方式"对话框,如图 19.16 所示,幻灯片的输出方式主要是放映,根据幻灯片放映场合的不同,可设置不同的放映方式。

图 19.16 "设置放映方式"对话框

▶▶ **任务8　打印演示文稿**

1. 页面设置。

（1）执行【设计】→【自定义】→【幻灯片大小】命令，在下拉列表中选择"自定义幻灯片大小"，打开"幻灯片大小"对话框，如图 19.17 所示。

（2）在"幻灯片大小"下拉列表中可选择所需要的纸张选项，在"方向"区域的"幻灯片"栏中可设置幻灯片在纸上的放置方向，完成后单击"确定"按钮。

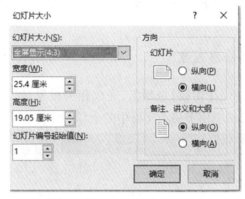

图 19.17　"幻灯片大小"对话框

2. 打印预览和打印设置。

（1）执行【文件】→【打印】命令，展开打印设置项，按要求完成各项设置。

（2）在设置各打印项时，窗口右侧会显示对应的打印预览效果图，如图 19.18 所示。

（3）设置完毕后，单击"打印"按钮即可打印。

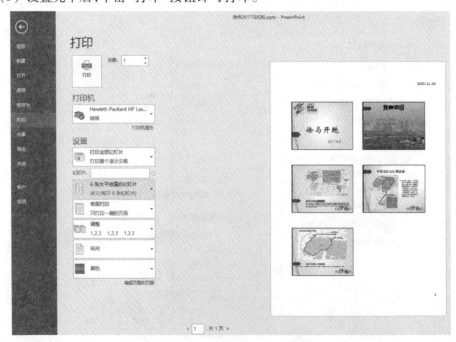

图 19.18　打印预览和打印设置

 拓展项目

制作如图 19.19 所示的徐州旅游名片演示文稿。

图 19.19 "徐州旅游名片"样张

具体操作步骤如下：

1. 新建标题幻灯片,输入标题"畅游徐州——楚汉文化",删除副标题文本框。

2. 新建第 2 张幻灯片,版式为"标题和内容",输入标题"旅游景点",给内容添加项目符号,如图 19.20 所示。

- 徐州汉文化景区
- 项羽戏马台
- 汉画像石馆
- 龟山汉墓

图 19.20 添加项目符号

3. 新建第 3 至第 6 张幻灯片,版式均为"两栏内容",输入文字,插入所需素材文件夹中的图片,效果分别如图 19.21 和图 19.22 所示。

徐州汉文化景区

- 徐州汉文化景区位于江苏省徐州市东部，是以汉文化为特色的全国最大的主题公园。占地1400亩，蓝括了被称为"汉代三绝"的汉墓、汉兵马俑和汉画像石。集中展现了两汉文化精髓，呈现为一部立体的汉代史。

项羽戏马台

- 项羽戏马台景区位于徐州市户部山顶，是为了纪念秦末农民起义英雄项羽而修建的。公元前206年，盖世英雄项羽自封西楚霸王，定都彭城，据清乾隆府志记载："楚项羽因山为台，以观戏马，故名。"戏马台因此得名。戏马台景区作为西楚霸王项羽辉煌时刻的记录

图 19.21　第 3、4 张幻灯片

徐州汉画像石馆

- 徐州汉画像石艺术馆位于云龙山西麓，是征集、收藏、研究、陈列汉画像石的专题性博物馆。北馆为仿汉唐建筑，三组院落，以廊相连，陈列主题为"汉石藏珍"。展出汉画像石167块；南馆为现代建筑，基本陈列为"大汉王朝一石上史诗"，展出汉画像石410块。

龟山汉墓

- 龟山景区紧邻闻名遐迩的九里山古战场，故黄河从山前蜿蜒而过。景区内有龟山汉墓、孟旨博物馆和点石园石刻艺术馆，融合了两汉文化、皇陵文化、石刻文化等历史景观，是展示徐州历史文化魅力的重要窗口，也是中外游客来徐参观游览的首选之地。

图 19.22　第 5、6 张幻灯片

技能加油站

当幻灯片版式相同时，可以复制做好的幻灯片，编辑内容，重新插入所需的图片即可。

4. 设计主题：执行【设计】→【主题】命令，选择"主要事件"，即为演示文稿添加"主要事件"主题，如图 19.23 所示。

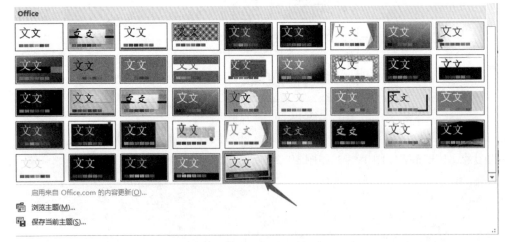

图 19.23　设计主题

5. 选择第 2 张幻灯片,添加"羊皮纸"纹理填充背景,如图 19.24 所示。

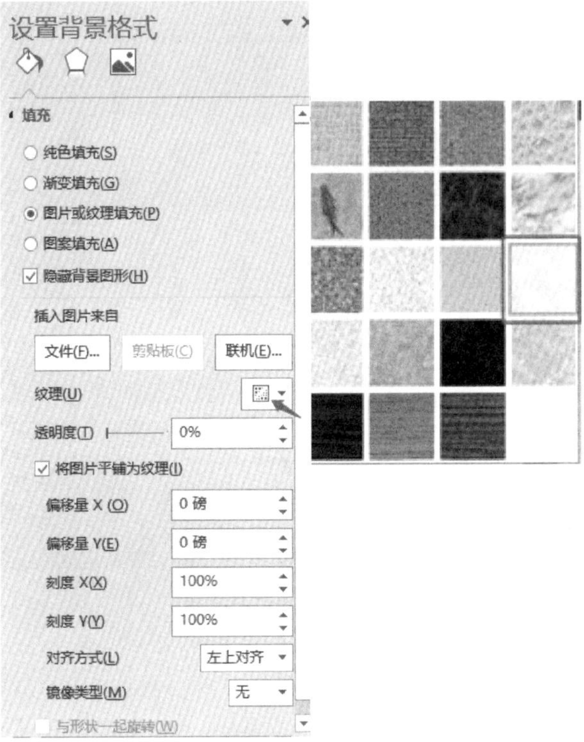

图 19.24 "设置背景格式"任务窗格

6. 选择第 1 张幻灯片,插入艺术字,样式为"填充-黑色,文本 1,轮廓-背景 1,清晰阴影-背景 1",并将艺术字的填充色改为"深蓝"(标准色),调整字体为"华文行楷",字号为"60",如图 19.25 所示。

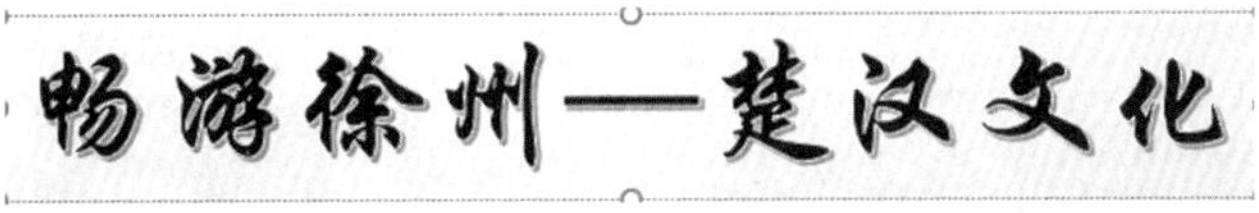

图 19.25 插入艺术字

7. 为第 2 张幻灯片中的内容插入超链接,使其分别链接到第 3 至第 6 张幻灯片。

8. 选择第 3 张幻灯片,执行【视图】→【母版视图】→【幻灯片母版】命令,执行【插入】→【插图】→【形状】命令,选择动作按钮 🏠,在右下角绘制按钮,弹出"操作设置"对话框,选中"超链接到"单选按钮,在下拉列表中选择"幻灯片",在弹出的"超链接幻灯片"对话框中选择第 2 张幻灯片,如图 19.26 所示,两次单击"确定"按钮返回幻灯片母版视图。执行【绘图工具—格式】→【形状填充】命令,在下拉列表中选择"无填充颜色"。执行【绘图工具—格式】→【形状轮廓】命令,在下拉列表中选择"蓝色"(标准色)。执行【幻灯片母版】→【关闭】→【关闭母版视图】命令,返回普通视图。

图 19.26　设置超链接

9. 将演示文稿中的幻灯片切换方式设置为"分割"。

10. 保存演示文稿。

11. 观看幻灯片放映,浏览所创建的演示文稿。

　课后练习

1. 制作轨道交通房山线演示文稿,效果如图 19.27 所示。

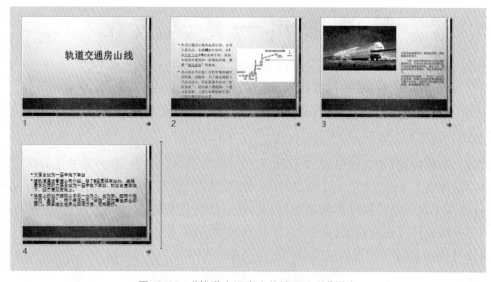

图 19.27　"轨道交通房山线演示文稿"样张

2. 制作农业发展方针演示文稿,效果如图 19.28 所示。

图 19.28 "农业发展方针演示文稿"样张

项目小结

　　本项目通过制作"徐马竞赛项目介绍""徐州旅游名片""轨道交通房山线演示文稿""农业发展方针演示文稿",使读者掌握 PowerPoint 2016 中演示文稿的创建和保存、新增幻灯片、文本编辑、项目符号和编号的添加、幻灯片版式和主题设计、背景设置、幻灯片中图片的插入和编辑、超链接的创建、演示文稿的切换和放映等的操作方法。合理使用超链接和动作按钮可以增加演示文稿的交互性。读者在学会项目案例制作的同时,能够将所学知识活学活用到实际工作和生活中。

项目二十

产品推广策划草案幻灯片的制作

项目简介

在演示文稿中应用图表和 SmartArt 图形来表达信息,要比单纯的文本信息更明确、更直观,让人一目了然。PowerPoint 2016 演示文稿中,任何数据所表达的信息都能够使用图表或 SmartArt 图形来表达。本项目以制作某企业产品推广策划草案为例,展示新产品的基本情况,新产品销售的重点区域、销售网络等,如图 20.1 所示。

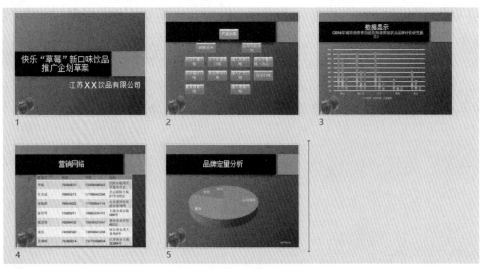

图 20.1 "某企业产品推广策划草案"样张

知识点导入

1. 新建、保存演示文稿:启动 PowerPoint 2016,执行【文件】→【保存】(或【另存为】)命令。

2. 在幻灯片中添加 SmartArt:执行【插入】→【插图】→【SmartArt】命令,选择适合的图形。

3. 在幻灯片中添加图表:执行【插入】→【插图】→【图表】命令,选择适合的图表。

4. 在幻灯片中添加表格:执行【插入】→【表格】→【表格】命令,在下拉列表中选择"插入表格"。

5. 设置页眉和页脚:执行【插入】→【文本】→【页眉和页脚】命令。

解决方案

▶▶ *任务 1 应用幻灯片版式*

1. 启动 PowerPoint 2016,新建演示文稿。

2. 将新建的演示文稿保存在桌面上,文件名为"某企业产品推广策划草案"。

3. 新建第 1 张标题幻灯片。

4. 输入主标题"快乐'草莓'新口味饮品推广企划草案",字体为"华文中宋",字号为"48";输入副标题"江苏××饮品有限公司",字体为"华文中宋",字号为"40"。

5. 执行【设计】→【主题】→【柏林】命令,修饰演示文稿,如图 20.2 所示。

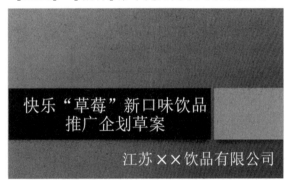

图 20.2 第 1 张幻灯片效果图

▶▶ *任务 2 插入 SmartArt 图形*

1. 新建第 2 至第 5 张幻灯片,版式均为"标题和内容"。

2. 选中第 2 张幻灯片,执行【插入】→【插图】→【SmartArt】命令,在弹出的"选择 SmartArt 图形"对话框中选择"层次结构"中的"组织结构图",如图 20.3 所示。

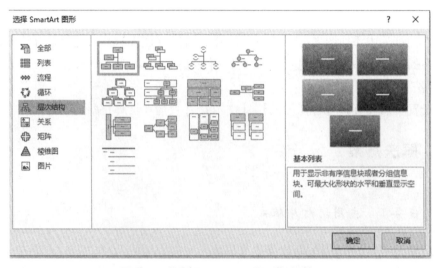

图 20.3 "选择 SmartArt 图形"对话框

3. 编辑幻灯片内容。

(1)在幻灯片中填写相应的内容,如图 20.4 所示。选取组织结构图中的文本,可对其进行格式设置。

图 20.4 组织结构图

默认情况下,组织结构图给出的层次和每层文本框数不多,若实际应用中不够,可进行层数或每层文本框数的添加,操作方法是:选中某文本框并右击,在弹出的快捷菜单中选择"添加形状",根据需要进行选择即可,如图20.5所示。

图20.5　"添加形状"命令

　　(2)选择"碳酸系列",执行【SmartArt 工具—设计】→【创建图形】→【布局】命令,在下拉列表中选择"两者",调整组织结构图的布局,按同样的方法设置"运动功能系列",如图20.6所示。

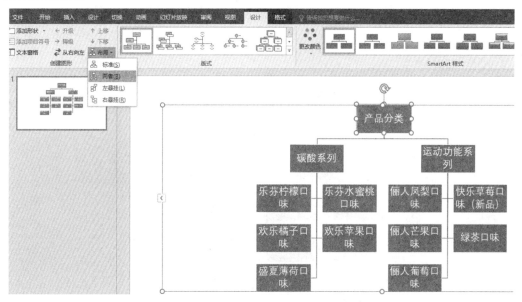

图20.6　调整组织结构图的布局

4. 修饰组织结构图。

（1）执行【SmartArt 工具—设计】→【SmartArt 样式】→【更改颜色】命令，打开如图 20.7 所示的下拉列表，选择"彩色"中的第三种颜色"彩色范围-个性色 3 至 4"，设置整个组织结构图的配色方案，效果如图 20.8 所示。

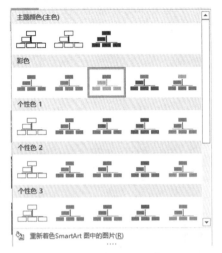

图 20.7 【更改颜色】命令

图 20.8 设置整个组织结构图的配色方案

（2）执行【SmartArt 工具—设计】→【SmartArt 样式】→【其他】命令，在如图 20.9 所示的下拉列表中选择"三维"下的"优雅"选项，对整个组织结构图应用新的样式，效果如图 20.10 所示。

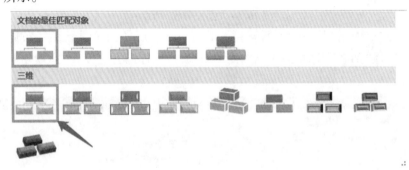

图 20.9 【SmartArt 样式】命令

图 20.10 "优雅"效果图

技能加油站

【SmartArt 工具】不仅可以使用【设计】工具配置图形的颜色,还可使用【格式】→【形状样式】命令自行设计"形状填充""形状轮廓""形状效果"。

▶▶ **任务3 插入表格**

1. 选择第 4 张幻灯片,在标题文本框中输入"营销网络"。

2. 执行【插入】→【表格】→【表格】命令,在下拉列表中选择"插入表格";或者直接单击幻灯片中的"插入表格"图标,如图 20.11 所示,在弹出的"插入表格"对话框中填写列数和行数值,如图 20.12 所示,单击"确定"按钮,即完成表格的插入。

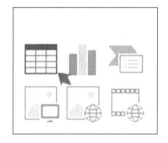
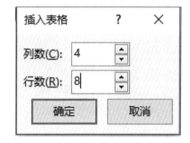

图 20.11 "插入表格"图标　　图 20.12 "插入表格"对话框

3. 编辑表格中的文字,调整字体、字号、对齐方式等,完成后的效果如图 20.13 所示。

营销网络

联系人	电话	手机	地址
李XX	79000000	13012345678	沈阳市铁西区军退办公室
任XX	76000000	17712345678	北京朝阳大街21号103室
张XX	76000000	17712345678	山东省济南市新东街16号
徐XX	73000000	18912345678	上海市南京路566号
魏XX	76000000	15912345678	重庆友谊宾馆603室
连XX	74000000	13812345678	哈尔滨市西大直街8号
岳XX	75000000	13712345678	江苏南京上海路266号

图 20.13 第 4 张幻灯片效果图

▶▶ **任务4 插入图表**

1. 选择第 3 张幻灯片,执行【插入】→【插图】→【图表】命令,在弹出的"插入图表"对话框中选择"柱形图"中的"簇状柱形图",如图 20.14 所示。

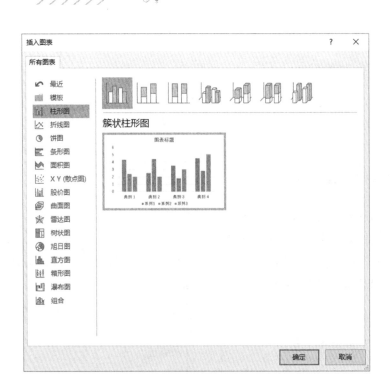

图 20.14   "插入图表"对话框

2. 单击"确定"按钮,在弹出的 Excel 工作表中输入如图 20.15 所示的数据,幻灯片上出现相应的图表,如图 20.16 所示。

	A	B	C	D
1		认知度	使用率	美誉度
2	脉动	80.65%	62.50%	31.70%
3	健力宝	82.50%	42.70%	42.40%
4	红牛	84.40%	32.50%	17.20%
5	维体	25.60%	12.30%	8.50%
6	激活	43.20%	22.70%	8.00%

图 20.15   输入工作表数据

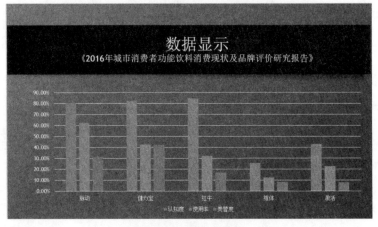

图 20.16   相应的图表

3. 选中图表,执行【图表工具—设计】→【图表样式】→【样式9】命令,如图 20.17 所示。

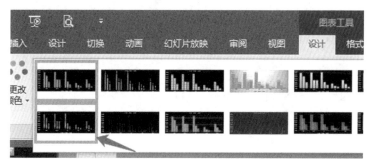

图 20.17 选择样式

4. 选择第 5 张幻灯片,执行【插入】→【插图】→【图表】命令,在弹出的对话框中选择"饼图"中的"三维饼图",参考上述步骤,制作第 5 张幻灯片,如图 20.18 所示。

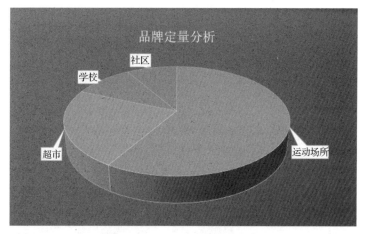

图 20.18 第 5 张幻灯片效果图

技能加油站

对默认图表格式不满意时,可选中图表后单击【图表工具—布局】选项卡,修改"绘图区""图表区""图例""网格线"的格式、颜色等,还可以通过【格式】选项卡,自行选择喜欢的颜色进行设置。

▶▶ **任务5 设置幻灯片母版**

1. 选择第 1 张幻灯片,执行【视图】→【母版视图】→【幻灯片母版】命令,打开幻灯片母版视图。

2. 前面的项目中已经详细介绍了母版的创建方法,本节不再赘述,创建完成的母版样式分别如图 20.19、图 20.20 所示。

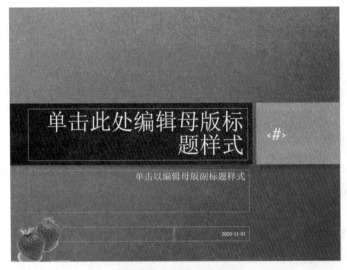

图 20.19　首页母版样式

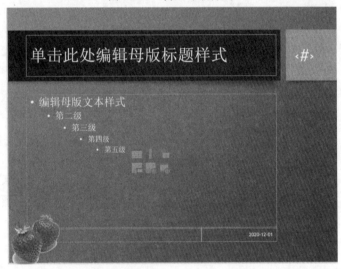

图 20.20　第 2 至第 5 张幻灯片母版样式

▶▶ **任务 6　添加页眉和页脚**

　　选择第 5 张幻灯片,执行【插入】→【文本】→【页眉和页脚】命令,选中【页脚】复选框,在文本框中输入文字"××广告公司",单击"应用"按钮,仅对选定的幻灯片有效,如图 20.21 所示。

图 20.21 "页眉和页脚"对话框

 拓展项目

制作如图 20.22 所示的校园文化艺术节演示文稿。

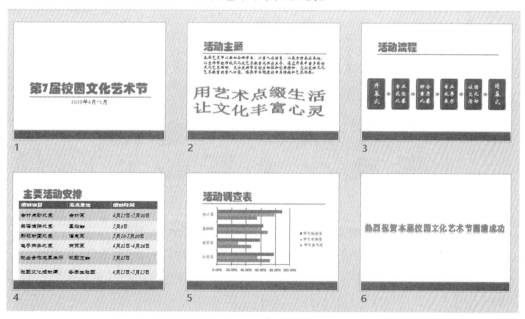

图 20.22 "校园文化艺术节演示文稿"样张

具体操作步骤如下:

1. 启动 PowerPoint 2016,新建一份空白演示文稿,将文档以"校园文化艺术节"为名保存在桌面上。

2. 新建标题幻灯片,制作第 1 张幻灯片,输入主标题"第 7 届校园文化艺术节"和副标题"2020 年 4 月～5 月",调整字体、字号。

3. 执行【设计】→【主题】→【回顾】命令,修饰整个演示文稿,如图 20.23 所示。

图 20.23　第 1 张幻灯片效果图

4. 新建第 2 张幻灯片,版式为"标题和内容",输入标题和文本内容,并插入艺术字"用艺术点缀生活　让文化丰富心灵",执行【绘图工具—格式】→【艺术字样式】→【文本效果】命令,在下拉列表中选择"转换"下"弯曲"中的"双波形 1"。设置字体为"方正舒体",字体颜色为"红色",如图 20.24 所示。

图 20.24　第 2 张幻灯片效果图

5. 新建第 3 张幻灯片,版式为"标题和内容",插入 SmartArt 图形。

(1) 执行【插入】→【插图】→【SmartArt】命令,打开"选择 SmartArt 图形"对话框。

(2) 选择"流程"中的"基本流程",执行【SmartArt 工具—设计】→【创建图形】→【添加形状】→【在后面添加形状】命令,插入如图 20.25 所示的文本。

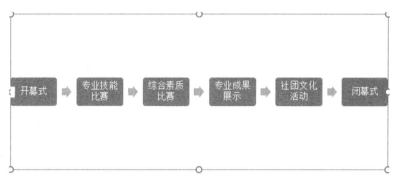

图 20.25　插入 SmartArt 图形

（3）选中 SmartArt 图形,执行【SmartArt 工具—设计】→【SmartArt 样式】→【更改颜色】命令,在下拉列表中选择"主题颜色(主色)"中的"深色 2 填充",如图 20.26 所示。

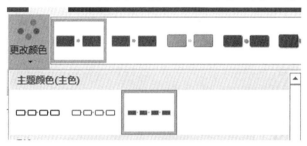

图 20.26　"更改颜色"命令

（4）执行【SmartArt 工具—设计】→【SmartArt 样式】→【其他】命令,选择"三维"中的"优雅"选项,更改字号为"32",对整个组织结构图应用新的样式,效果如图 20.27 所示。

活动流程

图 20.27　第 3 张幻灯片效果图

6. 新建第 4 张幻灯片,版式为"标题和内容",插入表格。

（1）选择第 4 张幻灯片,执行【插入】→【表格】→【表格】命令,在下拉列表中选择"插入表格",弹出"插入表格"对话框,插入 1 张 7 行 3 列的表格,如图 20.28 所示,单击"确定"按钮,完成表格的插入。

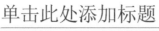

图 20.28　"插入表格"命令

（2）编辑表格中的文字，调整字体、字号、对齐方式等，完成后的效果如图 20.29 所示。

主要活动安排

活动项目	承办单位	活动时间
会计点钞比赛	会计系	4月17日—5月20日
英语演讲比赛	基础部	5月8日
影视动画比赛	信息系	5月10—5月20日
电子商务比赛	商贸系	4月21日—4月26日
校企合作成果展示	校团支部	5月25日
社团文化活动周	各学生社团	4月15日—5月15日

图 20.29　第 4 张幻灯片效果图

7．新建第 5 张幻灯片，版式为"标题和内容"，插入图表。

（1）选择第 5 张幻灯片，执行【插入】→【插图】→【图表】命令，在弹出的对话框中选择"条形图"中的"簇状条形图"。

（2）单击"确定"按钮，在弹出的 Excel 工作表中输入数据，如图 20.30 所示，幻灯片上出现相应的图表，如图 20.31 所示。

	A	B 学生参与度	C 学生欢迎度	D 学生满意度
1		学生参与度	学生欢迎度	学生满意度
2	信息系	73.20%	55.90%	78.20%
3	商贸系	46.70%	29.20%	59.20%
4	基础部	69.20%	60.10%	63.20%
5	会计系	54.60%	79.20%	89.20%
6				

图 20.30　输入图表数据

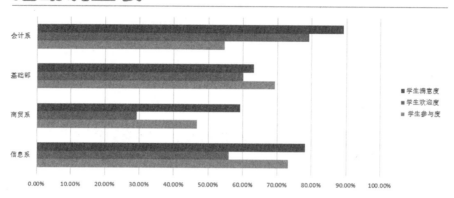

图 20.31　相应的图表

（3）选中图表，单击【图表工具—格式】选项卡，更改图列"学生参与度""学生欢迎度""学生满意度"的形状填充颜色，效果如图 20.32 所示。

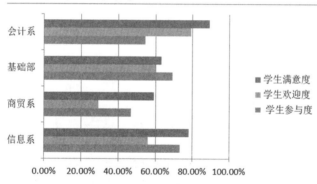

图 20.32　第 5 张幻灯片效果图

8. 新建第 6 张幻灯片，版式为"空白"，插入艺术字。

执行【插入】→【文本】→【艺术字】命令，在弹出的下拉列表中选择第 1 行第 3 个"渐变填充-茶色，着色 1，反射"，并编辑文字"热烈祝贺本届校园文化艺术节圆满成功"，效果如图 20.33 所示。

热烈祝贺本届校园文化艺术节圆满成功

图 20.33　第 6 张幻灯片效果图

 课后练习

1. 制作某汽车品牌传播策划案演示文稿,效果如图 20.34 所示。

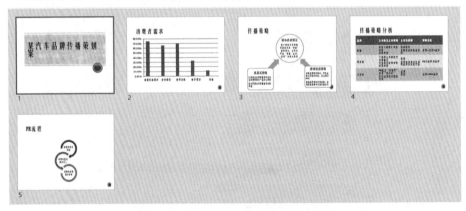

图 20.34　"某汽车品牌传播策划案"样张

2. 制作某公司宣传方案演示文稿,效果如图 20.35 所示。

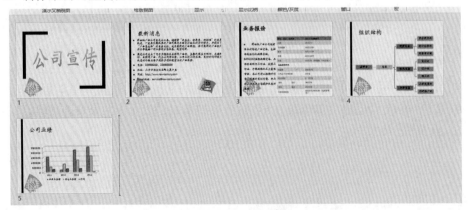

图 20.35　"公司宣传方案"演示文稿样张

 项目小结

本项目通过制作"某企业产品推广策划草案""校园文化艺术节""某汽车品牌传播策划案""公司宣传方案",使读者学会在 PowerPoint 2016 中插入图表、表格、SmartArt 图形,设置页眉和页脚等的方法。在制作的过程中,要注意各种对象的插入和编辑,为达到最佳视觉效果,还要综合其他知识的应用。读者在学会项目案例制作的同时,能够将所学知识应用到实际工作和生活中。

项目二十一

电子相册的制作

项目简介

在当下这个科技时代,数码产品在不断升级、不断普及。数码相机、手机都可以用来拍照片,如何方便快捷地展示这些照片呢? 电子相册是一个不错的选择,将照片全部放到电子相册中,需要时拿出来欣赏。用 PowerPoint 2016 就可以轻松制作出漂亮的电子相册。如图 21.1 所示就是利用 PowerPoint 2016 制作出来的"美丽的多肉植物"电子相册。

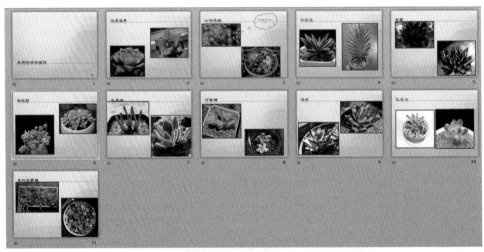

图 21.1 "'美丽的多肉植物'电子相册"样张

知识点导入

1. 新建相册演示文稿:启动 PowerPoint 2016,执行【插入】→【图像】→【相册】→【新建相册】命令。

2. 插入形状:执行【插入】→【插图】→【形状】命令,选择适合的形状。

3. 设置背景音乐:执行【插入】→【媒体】→【音频】命令,选择适合的音频。

4. 设置幻灯片切换效果:执行【切换】→【切换到此幻灯片】命令。

5. 设置动画效果:执行【动画】→【动画】命令。

6. 打包演示文稿:执行【文件】→【导出】→【将演示文稿打包成 CD】命令。

 **解决方案**

▶▶ **任务 1 新建相册演示稿**

1. 启动 PowerPoint 2016,新建空白演示文稿"美丽的多肉植物. pptx"。

2. 执行【插入】→【图像】→【相册】→【新建相册】命令,打开"相册"对话框,如图 21.2 所示。

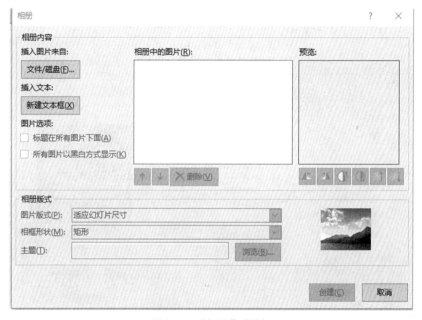

图 21.2 "相册"对话框

3. 单击"文件/磁盘"按钮,打开"插入新图片"对话框,找到素材文件夹,如图 21.3 所示,单击第 1 张图片,按【Ctrl】+【A】组合键全选素材文件夹中的所有图片,单击"插入"按钮,返回"相册"对话框。在"相册中的图片"列表框中选中需要编辑的图片,通过上下箭头可以调整图片的先后顺序,如图 21.4 所示。

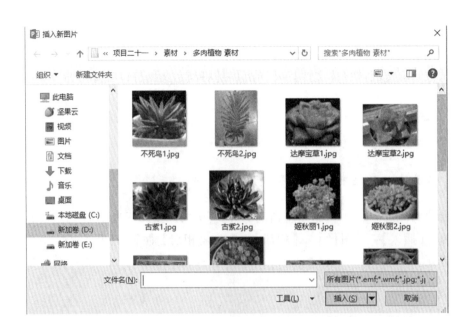

图 21.3　"插入新图片"对话框

图 21.4　调整图片的先后顺序

 技能加油站

　　在选中图片时,按住【Shift】键或【Ctrl】键,可以一次选中多个连续或不连续的图片。选中的图片还可以通过"旋转"按钮、"对比度"按钮、"亮度"按钮进行不同的设置。

　　4. 在"相册"对话框的"相册版式"区域内,单击"图片版式"右侧的下拉按钮,在下拉列表中选择"2 张图片(带标题)",设置"相框形状"为"复杂框架,黑色",单击"主题"文

本框右侧的"浏览"按钮,在弹出的"选择主题"对话框中选择"Integral. thmx"主题,单击
"选择"按钮,返回"相册"对话框,如图 21.5 所示。

图 21.5　编辑相册

5. 单击"创建"按钮,图片被一一插入到演示文稿中,并自动在第 1 张幻灯片中留出
相册的标题,输入"美丽的多肉植物",删除副标题,如图 21.6 所示。

图 21.6　标题幻灯片

6. 单击左侧幻灯片缩略图,分别选中每一张幻灯片,依次为每一张幻灯片的图片配
上标题,标题分别为"达摩宝草""山地玫瑰""不死鸟""古紫""姬秋丽""兔耳朵""万象

锦""乌木""乙女心""多肉全家福"。

▶▶ **任务2 图形中的文字标注**

1. 执行【插入】→【插图】→【形状】命令,在下拉列表中选择"标注"中的"云形标注",设置"形状填充"为"无填充颜色"。为第 3 张幻灯片添加"好像真的玫瑰一样"的标注,如图 21.7 所示。

图 21.7 "云形标注"效果图

2. 选中"云形标注"形状,拖动图形中的控制点调整好"云形标注"形状的大小、方向,将其定位在幻灯片合适的位置。

 技能加油站

【插入】→【插图】→【形状】中还有文本框工具和其他图形,可以根据需要添加。

▶▶ **任务3 插入背景音乐**

1. 选中第 1 张幻灯片,执行【插入】→【媒体】→【音频】→【PC 上的音频】命令,打开"插入音频"对话框,如图 21.8 所示,选中"背景音乐. mp3",单击"插入"按钮,将音频插入到第 1 张幻灯片右下角,此时相应位置会出现一个小喇叭的标记。

图 21.8 "插入音频"对话框

2. 选中上述小喇叭标记,执行【音频工具—播放】→【音频选项】命令,同时选中"跨幻灯片播放"和"循环播放,直到停止"复选框,如图 21.9 所示,这样在幻灯片播放的整个过程中都会有背景音乐。

图 21.9 【音频选项】选项组

 技能加油站

在幻灯片中除了插入音频,还可插入来自文件或网站的视频。

▶▶ 任务4 设置幻灯片的切换效果

1. 选择第 1 张幻灯片,执行【切换】→【切换到此幻灯片】→【立方体】命令,如图 21.10 所示。

2. 依次设置"效果选项"为"自左侧","持续时间"为"01.20",取消选中"单击鼠标时"复选框,选中"设置自动换片时间:00:01.00"复选框。

3. 在上述窗口中单击"全部应用"按钮,将此切换效果应用于整个演示文稿的所有幻灯片中。

图 21.10　【切换到此幻灯片】选项组

　技能加油站

　　幻灯片切换效果是演示期间从上一张幻灯片移到下一张幻灯片时出现的动画效果。切换效果可以分为三大类:"细微型""华丽型""动态内容"。

▶▶ **任务5　设置幻灯片的动画效果**

　　1. 选择第 1 张幻灯片中的标题,执行【动画】→【动画】命令,选择"进入"下的"随机线条"效果,在【计时】组中的"开始"中选择"与上一动画同时",更改"持续时间"为"01.00",如图 21.11 所示。

图 21.11　【动画】命令

　　2. 设置第 2 张幻灯片标题和图片动画。

　　(1)选择标题"达摩宝草",执行【动画】→【动画】命令,选择"进入"下的"劈裂"效果,在【计时】组中的"开始"中选择"与上一动画同时",更改"持续时间"为"01.00"。

　　(2)同时选中第 2 张幻灯片中的图片,执行【动画】→【动画】命令,选择"进入"下的"缩放"效果,在【计时】组中的"开始"中选择"上一动画之后",更改"持续时间"为"00.75",打开"动画窗格",单击"播放"按钮查看效果,如图 21.12 所示。

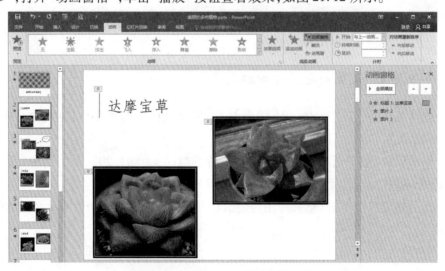

图 21.12　给第 2 张幻灯片设置动画

3. 用同样的方法设置其余幻灯片的标题和图片的动画效果。

技能加油站

　　动画可以增加幻灯片的动感效果。PowerPoint 2016 有四种不同类型的动画效果:进入、退出、强调和动作路径。

▶▶ 任务6　打包演示文稿

1. 执行【文件】→【导出】命令,弹出下一级菜单。

2. 选择"将演示文稿打包成 CD"选项,在右侧弹出"将演示文稿打包成 CD"窗格,如图 21.13 所示。

图 21.13　打包设置

3. 单击"打包成 CD"按钮,弹出"打包成 CD"对话框,如图 21.14 所示。

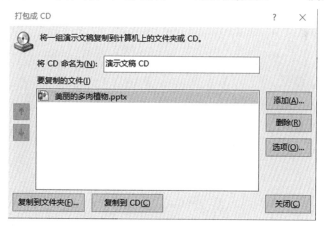

图 21.14　"打包成 CD"对话框

4. 单击"复制到文件夹"按钮,弹出"复制到文件夹"对话框,在"文件夹名称"后的文本框中输入"美丽的多肉植物",单击"浏览"按钮,选择桌面作为存放打包文件的位置,如图21.15所示。

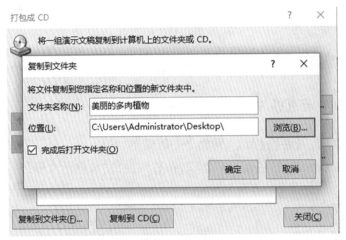

图21.15 "复制到文件夹"对话框

5. 单击"确定"按钮,弹出如图21.16所示的对话框,单击"是"按钮,即可完成打包操作。

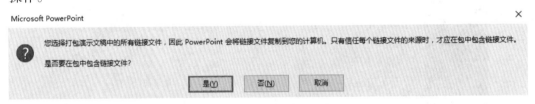

图21.16 "是否包含链接"命令

 拓展项目

制作如图21.17所示的欧洲旅游相册。

图 21.17 "欧洲旅游相册"样张

具体操作步骤如下：

1. 启动 PowerPoint 2016，新建空白演示文稿。

2. 执行【插入】→【图像】→【相册】→【新建相册】命令，打开"相册"对话框，单击"文件/磁盘"按钮，打开"插入新图片"对话框，找到素材文件夹，全选素材文件夹中的所有图片，单击"插入"按钮，返回"相册"对话框。

3. 在"相册"对话框的"相册版式"区域内，单击"图片版式"右侧的下拉按钮，在下拉列表中选择"2 张图片"（带标题），单击"相框形状"右侧的下拉按钮，在下拉列表中选择"柔化边缘矩形"，单击"主题"右侧的"浏览"按钮，在弹出的"选择主题"对话框中选择"lon.thmx"主题，单击"选择"按钮，返回"相册"对话框，如图 21.18 所示。

4. 单击"创建"按钮，图片被一一插入到演示文稿中。

（1）设置第 1 张幻灯片标题为"欧洲旅游相册"，删除副标题。

（2）单击第 2 张幻灯片缩略图，执行【插入】→【文本】→【文本框】命令，在下拉列表中选择"横排文本框"，在左上角插入文本框，编辑文字"埃菲尔铁塔"。

（3）依次单击其余幻灯片，添加照片说明"白金汉宫""比萨斜塔""大本钟""凡尔赛宫""凯旋门""卢浮宫""伦敦桥""圣保罗大教堂""威斯敏斯特大教堂"，如图 21.19 所示。

图 21.18　"相册"对话框　　　　图 21.19　编辑幻灯片标题

　技能加油站

　　执行【插入】→【文本】→【文本框】命令,插入文本框后可以通过执行【绘图工具—格式】→【形状样式】命令设置"形状填充""形状轮廓""形状效果"。

　　5. 插入音频和视频文件。

　　(1) 选择第 1 张幻灯片,执行【插入】→【媒体】→【音频】→【PC 上的音频】命令,打开"插入音频"对话框,选中"背景音乐. MP3",单击"插入"按钮,将音频插入到第 1 张幻灯片右下角,此时相应位置会出现一个小喇叭的标记。在【音频工具—播放】→【音频选项】选项组中的"开始"下同时选中"跨幻灯片播放"和"循环播放,直到停止"复选框,这样在幻灯片播放的整个过程中都会有背景音乐。

　　(2) 调整音频图标在幻灯片中的大小和位置,如图 21.20 所示。

图 21.20   第 1 张幻灯片效果

6. 选择第 1 张幻灯片,执行【切换】→【切换到此幻灯片】→【显示】命令,选中"设置自动换片时间"复选框,并设置为"00:01.00",如图 21.21 所示,单击"全部应用"按钮,为全部幻灯片添加切换效果。

图 21.21   给第 1 张幻灯片设置切换效果

7. 添加幻灯片动画。

(1) 选择第 1 张幻灯片标题,执行【动画】→【动画】命令,选择"进入"下的"浮入"效果,设置【计时】选项组中的"开始"为"与上一动画同时","持续时间"为"01.00",如图 21.22 所示。

图 21.22   给第 1 张幻灯片设置动画效果

(2) 设置第 2 张幻灯片标题和图片动画:选择标题"埃菲尔铁塔",执行【动画】→【动画】命令,选择"退出"下的"淡出"效果,设置【计时】选项组中的"开始"为"与上一动画同时",更改"持续时间"为"01.00",同时选中第 2 张幻灯片中的图片,执行【动画】→【动画】命令,选择"退出"下的"轮子"效果,设置【计时】选项组中的"开始"为"上一动画之后",更改"持续时间"为"02.00"。执行【动画】→【高级动画】→【动画窗格】命令,在打开的"动画窗格"中单击"播放"按钮,查看效果,如图 21.23 所示。

图 21.23　给第 2 张幻灯片设置动画效果

（3）依次为其余幻灯片对象添加动画效果。

8. 执行【文件】→【导出】→【将演示文稿打包成 CD】→【打包成 CD】命令,将演示文稿打包。

 课后练习

1. 制作名车相册,效果如图 21.24 所示。

图 21.24　"名车相册"样张

2. 制作游览名山电子相册,效果如图 21.25 所示。

图 21.25 "游览名山"电子相册样张

 项目小结

本项目通过制作"'美丽的多肉植物'电子相册""欧洲旅游相册""名车相册""游览
名山电子相册",使读者学会插入形状、设置背景音乐、设置切换效果、设置动画效果、打包
相册等的方法。在制作过程中,首先要注意插入相片的顺序,其次要注意动画效果的使
用,使其达到观看的最佳效果。读者在学会项目案例制作的同时,能够将所学知识活学活
用到实际工作和生活中。